Guido B. Feige / Bruno P. Kremer

Flechten – Doppelwesen aus Pilz und Alge

Vorkommen, Lebensweise, Bestimmung

Kosmos
Gesellschaft der Naturfreunde
Franckh'sche Verlagshandlung
Stuttgart

Mit 47 Farbfotos von G. B. Feige (19) und B. P. Kremer (28), einer Farbzeichnung und drei Schwarz-
weiß-Abbildungen

Umschlag von Edgar Dambacher unter Verwendung einer Aufnahme von Heinz Schrempp
Das Bild zeigt eine „Bunte Erdflechtengesellschaft" mit den Flechten *Psora decipiens* und *Fulgensia
fulgens,* aufgenommen bei Badloch, Zentralkaiserstuhl. Typisch für dieses Gebiet sind auch die abge-
bildeten Vielfraßschnecken (*Zebrina*) und die Spinne *Eresus niger* (Männchen)

**Die Bände der Kosmos-Bibliothek erscheinen als Vierteljahres-Buchbeigaben
der Monatshefte Kosmos – Bild unserer Welt**

Für die Bezieher (Mitglieder) des Kosmos
bilden sie einen Bestandteil der Abonnementsleistung

Kosmos-Bibliothek 1979:
Band 301: Bechtel, Ostafrika in Farbe
Band 302: Feige/Kremer, Flechten – Doppelwesen aus Pilz und Alge
Band 303: Brünner, Trockenblüten und Schmuckfrüchte
Band 304: Klinger, Laser

Änderungen vorbehalten

Über Veröffentlichungen, Bedingungen und Leistungen des Kosmos
unterrichtet Sie jede Buchhandlung
oder die Hauptgeschäftsstelle des „Kosmos": Postfach 640, 7000 Stuttgart 1

Bild 1 (Seite 2). *Xanthoria parietina.* Reich fruchtendes Exemplar einer der farbenprächtigsten einheimischen Flechtenarten.

Franckh'sche Verlagshandlung, W. Keller & Co., Stuttgart/1979
LH 14 hö/ISBN 3-440-00302-7/Printed in Germany/Imprimé en Allemagne
Gesamtherstellung: Konrad Triltsch, Graphischer Betrieb, 8700 Würzburg

Flechten – Doppelwesen aus Pilz und Alge

Das Doppelwesen Flechte

Flechten fallen nicht auf

Mit den Flechten ist es eine paradoxe Sache. Obwohl sie praktisch überall und meist auch reichlich in der Natur vorkommen, stellenweise sogar große, zusammenhängende Flächen besiedeln, übersieht man sie gewöhnlich, und das selbst dann, wenn sie mit schreienden Farben an Mauern oder auf Hausdächern prangen und eigentlich wie ein werbewirksames Plakat ins Auge springen müßten. Trotzdem fallen sie nur selten auf; sie sind nämlich meist kleine Pflanzen, und wir sind offenbar nur Objekte bewußt zu sehen gewöhnt, die sich entweder bewegen oder sich zumindest auch räumlich stärker aus ihrer Umgebung herauslösen. So gesehen haben kleine Pflanzen kaum eine Chance, beachtet zu werden, Interesse zu finden oder am Ende sogar noch Begeisterung auszulösen. Sollte sich trotzdem jemand etwas näher mit solchen buchstäblich „niederen Pflanzen" befassen, wird er selbst bei sonst erklärten Naturliebhabern meist nur ein distanziertes, rücksichtsvolles Lächeln ernten. Dabei ist die Beschäftigung mit Flechten im Grunde gar nicht so entlegen, da sie dem aufmerksamen Beobachter eine Menge Fragen von geradezu grundsätzlicher Bedeutung aufdrängen.

Flechten sind echte Pflanzen und als solche bereits im Altertum erkannt worden. Mit einem kritischen Blick auf diese so vielgestaltige Pflanzengruppe verwies bereits THEOPHRAST in seiner Historia Plantarum (330 v. Chr.) darauf, daß bei solcher Verschiedenheit der Form „eine allgemeine Beschreibung" dieser Pflanze, und das in nur wenigen Worten, „einfach unmöglich sei". In der Tat fallen beim Anschauen einer beliebigen Flechte nur wenige Gemeinsamkeiten mit den vertrauteren höheren Pflanzen auf. Flechten lassen beispielsweise die von den Farn- und Blütenpflanzen her bekannte Gliederung in Wurzel und Sproß und dessen Anhangsorgane vollständig vermissen. Sie scheinen im Gegensatz dazu stark vereinfachte und auf allernotwendigste Einrichtungen beschränkte Lebewesen zu sein. Ihren Vegetationskörper bezeichnet man deswegen auch als Lager oder Thallus und meint damit ein vergleichsweise wenig gegliedertes Gebilde, das noch keinerlei Anklänge an die kompliziertere Architektur einer höheren Pflanze erkennen läßt. Im natürlichen System der Pflanzen werden die Flechten zusammen mit den Algen und den Pilzen wegen ihres einfacheren Aufbaus zu den Thallophyten gestellt und bilden aufgrund ihrer gestaltlichen Besonderheiten innerhalb dieser verschiedenen pflanzlichen Bautypen eine eigene Verwandtschaftsgruppe mit der Bezeichnung Lichenes oder Licheno-

Bild 2 (links oben). Gesellschaft von Gesteinskrustenflechten, überwiegend mit *Lecidea lapicida,* auf Urgestein.
Bild 3 (links unten). *Acarospora heufleriana.* Bei dieser Gesellschaft ist deutlich die gegenseitige Abgrenzung der Einzelflechten zu erkennen.

phyta, um sie auch begrifflich von den größtenteils gänzlich andersartig aussehenden Pflanzen genügend abzusetzen.

Warum gerade die Flechten?

Lohnt sich eine nähere Bekanntschaft mit dieser bunten Gesellschaft, die man nach einem ersten flüchtigen Blick bald auf jeglichem Gestein, an fast allen Baumstämmen und sogar auf nackter Erde entdecken kann? Der zweite Blick, diesmal vielleicht durch eine Handlupe, kann bereits zu einer ästhetischen Offenbarung werden: Flechten verkörpern ein geradezu unwahrscheinlich weites Spektrum verschiedenartigster Formgebungen, bei denen streng gegliederte, beinahe klassische Typen ebenso auftreten können wie Vertreter mit barocker Überschwenglichkeit oder gar scheinbar regellos gestaltete, abstrakte Gebilde. Hinzu kommt, wie bei kaum einer weiteren Pflanzengruppe, eine ungemein reichhaltige Farbpalette mit elegant abgestimmten Nuancen und fein differenzierten Kontrasten, so daß sich beinahe unwillkürlich der Verdacht künstlerischer Gestaltungskräfte aufdrängt.

Flechten kann man aber auch sachlicher betrachten. Wer sich mit vorerst vielleicht nur oberflächlichem Interesse eine Flechtengesellschaft beispielsweise auf einer Gesteinsunterlage oder an der Wetterseite älterer Bäume anschaut, wird vielleicht auch gerne erfahren wollen, was hinter der bunten Fassade einzelner Flechtenarten vorgeht, welche entscheidenden Lebensvorgänge in den doch sehr kleinen Pflanzen ablaufen und welche Eigenschaften und Anpassungsmerkmale einer Flechte überhaupt das Leben auf oft sehr weit vorgeschobenem Posten ermöglichen. Den Flechten geht sehr zu Unrecht der Ruf voran, eine allzu spröde Materie und dazu auch noch eine nur schwer zu erarbeitende Pflanzengruppe zu sein.

Partnerschaftswesen

Die Flechten mit ihren eigenwilligen Pflanzenformen galten nicht nur zu Zeiten LINNÉS, der in seinem dickleibigen Werk ,Species Plantarum' 1753 nicht einmal 100 Flechtenarten erwähnt, sondern bis weit in das letzte Jahrhundert als einheitliche Organismen wie alle anderen Pflanzen auch. ANTON DE BARY äußerte 1866 als erster Zweifel an dieser verallgemeinernden Auffassung, und der Schweizer Botaniker SIMON SCHWENDENER legte dann 1868 in einer berühmt gewordenen Abhandlung überzeugend dar, daß alle Flechten eigenartige Doppelwesen seien, bei denen sich Pilze und Algen zu einer dauerhaften und nach festem Reglement ab-

---

Bild 4. Farbtafel aus einer der ersten deutschsprachigen Flechtenfloren (Kummer, Der Führer in die Flechtenkunde, Berlin 1883).

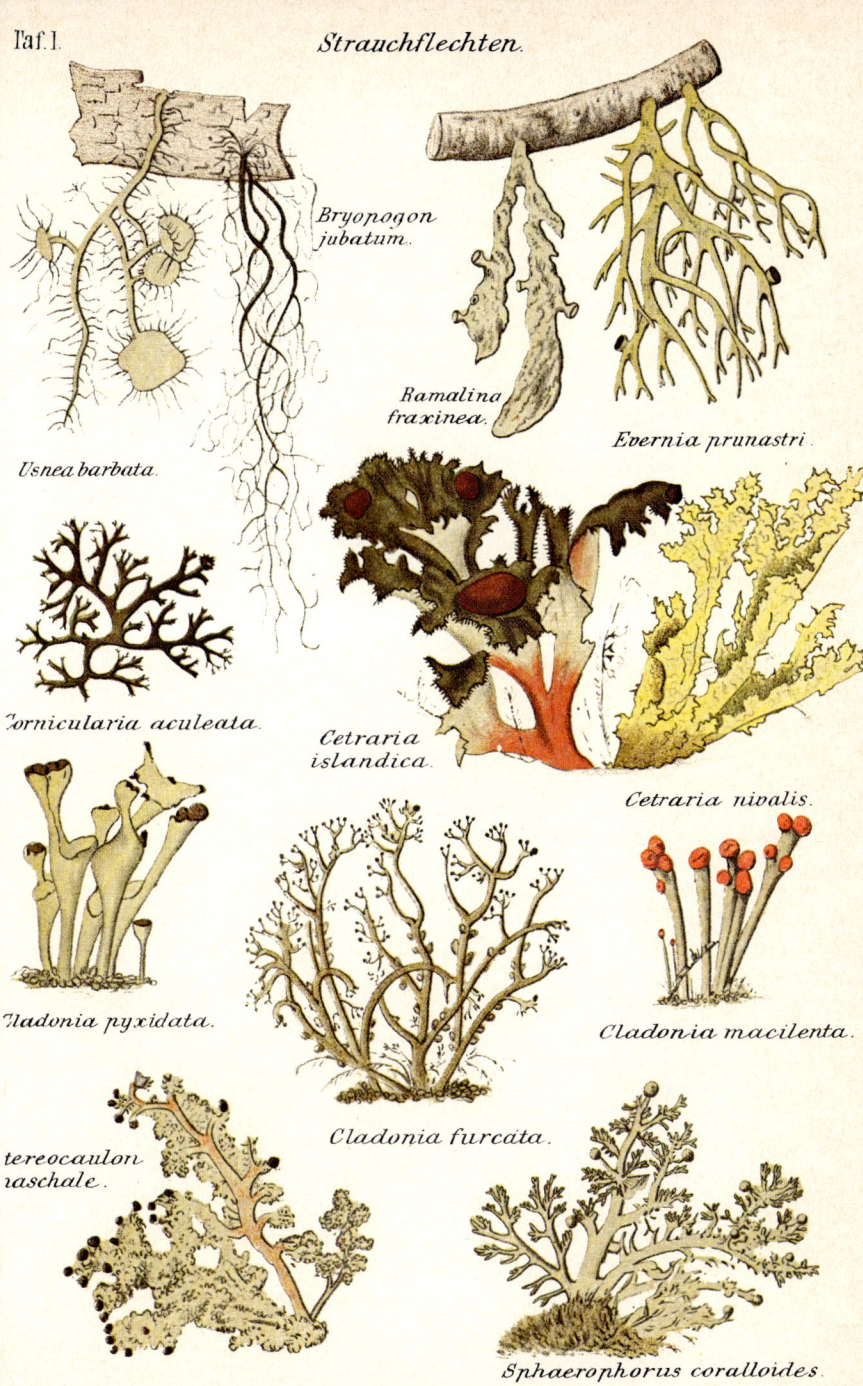

Taf. I.

Strauchflechten.

Bryopogon jubatum.

Usnea barbata.

Ramalina fraxinea.

Evernia prunastri.

Cornicularia aculeata.

Cetraria islandica.

Cetraria nivalis.

Cladonia pyxidata.

Cladonia furcata.

Cladonia macilenta.

Stereocaulon paschale.

Sphaerophorus coralloides.

laufenden Lebensgemeinschaft (Symbiose) zusammengeschlossen haben. Diese neue Auffassung von der Doppelnatur der aus grundverschiedenen Pflanzen zusammengesetzten Flechten stieß zwar zunächst auf heftigste Ablehnung, wird aber heute überhaupt nicht mehr ernsthaft in Frage gestellt. Mit dieser knappen Kennzeichnung des Doppelwesens Flechte fangen die eigentlich interessanten Fragen aber erst richtig an.

Jeder, der schon einmal die Algen einer Regenpfütze oder eines Fischteichs im Mikroskop betrachtet hat und andererseits im Zusammenhang mit Pilzen sofort an Pfifferling, Champignon oder Edel-Reizker denkt, weiß, daß die Vertreter dieser beiden Pflanzengruppen gänzlich anders aussehen als eine Flechte, in der beide als Partner zusammenleben. Die Entwicklung einer neuen, von den getrennten Partnern zuvor nicht verwirklichten Pflanzenform mit eigenständigen und konstanten gestaltlichen Merkmalen ist die eine bemerkenswerte Eigenart der Flechtensymbiose. Eine andere Seite sind die besonderen Umweltbedingungen, unter denen Flechten leben können. Während Algen fast ausschließlich und Pilze überwiegend an nasse oder feuchte Biotope gebunden sind, findet man Flechten auch in Lebensräumen, wo sie erbarmungsloser Sonneneinstrahlung und damit einhergehender Erwärmung und Trockenheit ausgesetzt sind. Dem partnerschaftlich organisierten Pilz-Alge-Doppelwesen ist die Besiedlung von Standorten möglich geworden, von denen die getrennten Partner von vornherein ausgeschlossen sind. Nur sehr wenige Wasserflechten sind bekannt, darunter auch einige, die dauernd untergetaucht im Meerwasser leben. Andererseits sind gerade die Flechten in Halbwüsten und Wüsten oder im Hochgebirge auf weiten Strecken die einzigen pflanzlichen Siedler.

Und noch eines fällt auf: Pilze sind entweder Parasiten oder Saprophyten, die im Unterschied zu allen Algen kein Chlorophyll oder andere Assimilationspigmente enthalten, damit nicht zur Photosynthese befähigt sind, keine hochwertigen organischen Verbindungen wie Zucker oder Stärke primär selbst herstellen können und folglich immer auf die Zufuhr vorgeformter Moleküle angewiesen sind. Auch in dieser Hinsicht bietet die Flechtenpartnerschaft ausgesprochene Vorteile: Die Pilze können sich sehr bequem von den Algen, denen sie Wohnraum geben, ernähren lassen.

Unser kleines Buch möchte Sie mit vielen Aspekten der Flechten bekannt machen, ihren Aufbau, ihre Verbreitung und ihre Existenzprobleme schildern. Es versteht sich jedoch von selbst, daß dieses weite Feld der Lichenologie nicht erschöpfend oder auch nur annähernd vollständig dargestellt werden kann. Flechten haben auch ihre eigene Kulturgeschichte und gewinnen neuerdings auch zunehmend als sogenannte Bioindikatoren an praktischer Bedeutung, da sich mit ihrer Hilfe ziemlich zuverlässig bestimmte Umweltqualitäten bewerten lassen. Flechten sind vielseitige und wichtige biologische Modellsysteme, die Ihr Interesse verdienen. Werden Sie daher ein Flechten-Liebhaber!

Bild 5 (rechts). *Peltigera canina.* Querschnitt durch ein Lager mit typischem Schichtaufbau.

Bild 6 (unten). *Synalissa symphorea.* Querschnitt durch ein ungeschichtetes (homöomeres) Lager.

Die Architektur einer Flechte

Das Doppelwesen Flechte, in dem sich jeweils Pilzpartner und Algenpartner zu einer bis in unwahrscheinliche Einzelheiten abgestimmten Lebensgemeinschaft zusammenfinden, präsentiert sich in überraschend vielen Formen, die uns am ehesten bei der Betrachtung mit einer guten (12fachen) Handlupe oder besser noch mit einem Stereomikroskop zugänglich werden. Anfangs wird es sicher ein

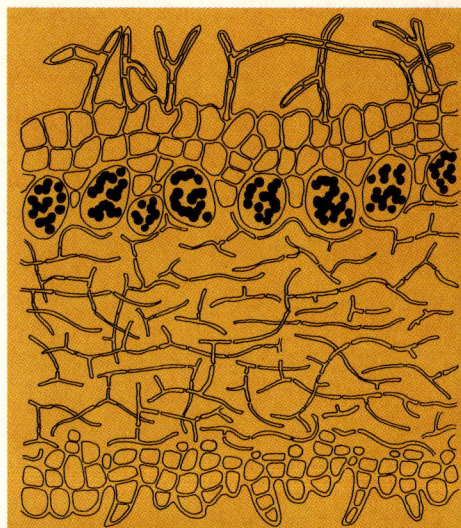

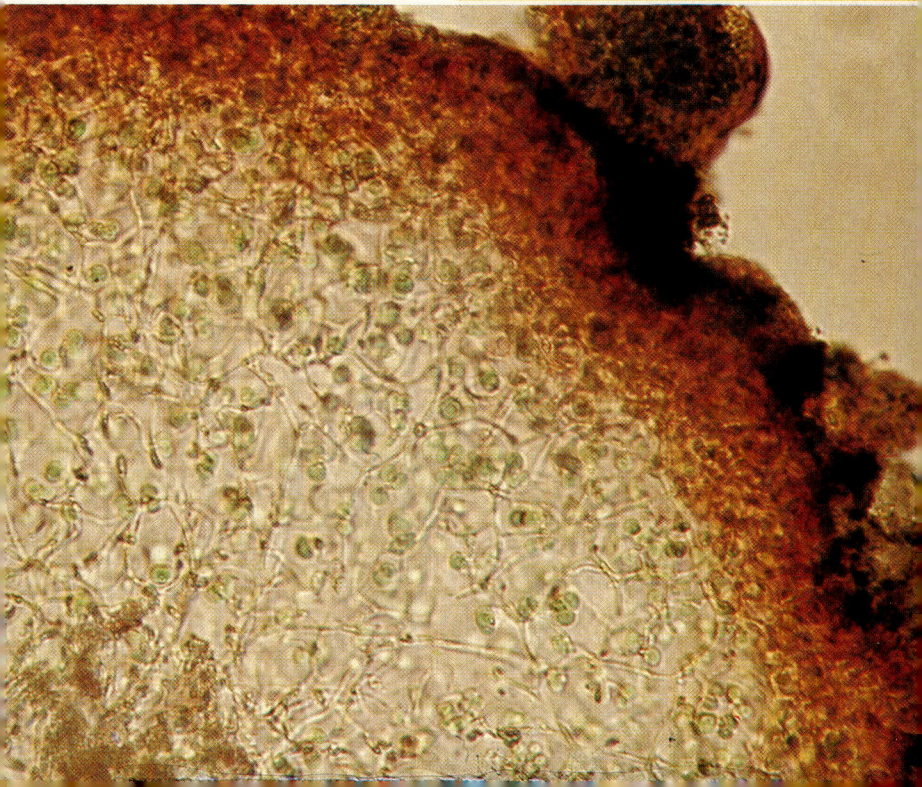

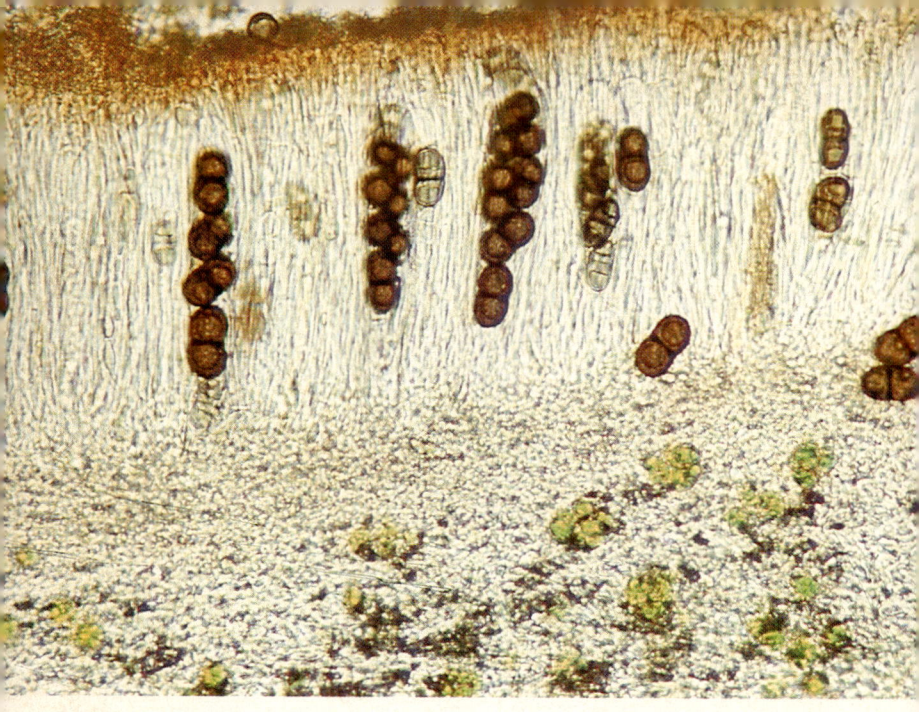

Bild 7. *Anaptychia fusca*. Querschnitt durch ein Apothezium. Die Asci (mit Ascosporen) und Paraphysen sind gut erkennbar.

wenig schwierig scheinen, die verschiedenen Muster und Typen der Flechtenproben, die Sie vielleicht von einem Spaziergang mit nach Hause gebracht haben, mit ordnendem Überblick zu erfassen. Bevor wir jedoch die Flechten nach den Merkmalen ihrer äußeren Form beschreiben, lohnt sich auf jeden Fall auch ein Blick in das Innenleben dieser seltsamen Organismen, um ihren interessanten Aufbau kennenzulernen.

In der Flechtensymbiose gilt generell, daß besonders die Pilzpartner Form und Gestalt des Flechtenlagers bestimmen. Im mikroskopischen Bild von Längs- oder Querschnitten durch eine beliebige Flechtenart werden denn auch zunächst die rein massenmäßig überwiegenden Pilzanteile auffallen, die mit ihrem Fadengeflecht („Flechte") sozusagen das Skelett des Flechtenkörpers liefern (Bild 6). An vielen Stellen des Schnittbildes werden Pilzfäden von der Art zu erkennen sein, wie wir sie vielleicht auch schon von der Beobachtung eines ganz gewöhnlichen Pilzmycels her kennen, dessen Zellfäden (Hyphen) dichtere oder lockere Hyphenstränge und -geflechte zeigen. In anderen Regionen des Flechtenquerschnitts werden die im Mikroskop erkennbaren Strukturen solche Ähnlichkeiten allerdings auch weniger erkennen lassen. Das liegt daran, daß die Hyphenzellen des Flechtenpilzes recht weitge-

Bild 8. *Peltigera spuria.* Thallus mit Flächensoralen, einer besonderen Verbreitungseinrichtung (vgl. S. 21).

hende Umwandlungen erfahren können und sich dabei beispielsweise abkugeln, miteinander verschmelzen, ihre Zellwände auffallend verdicken oder sogar miteinander verquellen, so daß keine Hyphenzwischenräume mehr verbleiben (Bild 7). Auf diese Weise bildet der Pilzpartner in der Flechtensymbiose je nach Beteiligung verschiedenformiger Pilzhyphen sehr unterschiedliche Geflechte und Gewebe.

Schichtung des Flechtenkörpers

Es ist eigentlich von vornherein klar, daß die Flechte ein Interesse daran haben muß, ihren Thallus nach außen abzudichten. Dies wird durch besonders dichtgepackte und außerdem auch noch kleinzellige Pilzhyphen erreicht, die das Flechtenlager entweder auf einer Seite oder allseitig umschließen. In Anlehnung an die Verhältnisse bei anderen Pflanzen erhielt diese Zone die Bezeichnung Rinde. In die Rindenzellen können große Mengen bestimmter Farbstoffe eingelagert werden, die satte gelbe oder orangerote Farbtöne, aber auch grüne, rote, blaue oder schwarze Schattierungen hervorrufen.

13

Unterhalb der Rindenschicht und praktischerweise recht oberflächennah an den Stellen mit dem optimalen Lichtgenuß liegen die Flechtenalgen, die autotrophen Partner und Primärproduzenten der Flechtensymbiose. In den meisten Fällen sind diese für die Symbiose absolut unentbehrlichen Pflanzen von einem sehr lockeren Hyphengeflecht umgeben, das auch die noch weiter zentral gelegenen Markschichten aufbaut. Die großen luftgefüllten Zwischenräume zwischen den einzelnen Pilzfäden dienen mit großer Sicherheit dem notwendigen Gasaustausch zwischen der Innen- und Außenseite der Flechte oder auch zwischen den beteiligten Partnern. Sofern die Flechtenalgen nur in einer bestimmten Schicht des Flechtenquerschnitts anzutreffen sind, spricht man von einem heteromeren Thallus; im homöomeren Lager sind im Gegensatz dazu die Algenpartner ziemlich regellos über den gesamten Thallusquerschnitt verteilt. In solchen Fällen ist der Schichtaufbau der Flechte in der Regel nicht erkennbar.

Für die Algen, die im Flechtenthallus leben, gibt es die Fachbezeichnung Phycobioten, die zwar sprachlich korrekt, aber immer noch weniger eingebürgert ist als der Fachausdruck Phycobionten.

Flechtenalgen

Die Flechtenalgen, die offenbar recht bereitwillig einen Großteil ihrer ursprünglichen Selbständigkeit aufgeben und sich ausgerechnet mit Pilzfäden zu einer gut organisierten Aktionsgemeinschaft zusammentun, müssen merkwürdige Pflanzen sein. Den größeren Gewinn aus dem Artenkonsortium zieht nämlich offenbar immer der Flechtenpilz.

Die meisten Flechten, die wir uns daraufhin anschauen können, werden wohl Grünalgen als Phycobioten enthalten. Sie kommen als Einzeller, Fäden oder kleinere flächige Gebilde in der Flechte vor. Gerade die mehrzelligen Arten können unter dem Einfluß der Einpassung in die Symbiose mit den Pilzen ihre ursprüngliche Form recht stark verändern, so daß die ohnehin schwierige Bestimmung der beteiligten Arten vollends unmöglich wird. In recht aufwendigen Untersuchungen, bei denen die Algen außerhalb der Flechte in Kultur genommen wurden, hat man unterdessen aber Arten aus etwa 20 Grünalgengattungen als Phycobioten in sehr vielen Flechten erkennen können. Unter diesen Vertretern finden sich zum Beispiel auch Algen aus der Gattung *Chlorella*, die so etwas wie den Prototyp einer einzelligen Grünalge darstellt. Außerdem ist gelegentlich die Alge *Pleurococcus* (= *Protococcus*) nachweisbar, die in freilebender Form wesentlich häufiger vorkommt und beispielsweise die dichten grünen Algenüberzüge auf der Wetterseite einzeln stehender Bäume bildet. Von solchen Standorten können wir uns sehr leicht eine authentische Vergleichsprobe besorgen. Neben *Myrmecia* und *Coccomyxa* ist die Gat-

Tabelle 1. Flechtenalgen und Flechtengattungen

Cyanophyceae (Blaualgen)	
Chroococcales	
Chroococcus	*Pyrenopsidium*
Gloeocapsa	*Gonohymenia*
Hormogonales	
Calothrix	*Lichina*
Dichothrix	*Placynthium*
Nostoc	*Collema, Pannaria, Peltigera*
Scytonema	*Cora, Dictyonema, Lichinodium*
Chlorophyceae (Grünalgen)	
Chlorococcales	
Chlorella	*Lecidea, Lepraria*
Coccomyxa	*Omphalina, Peltigera, Solorina,*
Myrmecia	*Dermatocarpon, Lobaria,*
	Verrucaria
Trebouxia	*Cladonia, Parmelia, Ramalina,*
	Umbilicaria, Xanthoria
Ulotrichales	
Pleurococcus	*Dermatocarpon, Lecidea*
Chaetophorales	
Trentepohlia	*Graphis, Pyrenula, Roccella*
Xanthophyceae (Gelbgrünalgen)	
Heterotrichales	
Heterococcus	*Verrucaria*
Phaeophyceae	
Ectocarpales	
Petroderma	*Verrucaria*

tung *Trebouxia* die wahrscheinlich am häufigsten vorkommende Flechtenalgen-gruppe. Man erkennt sie recht gut an ihrem zentral gelegenen, etwas lappigen Chro-matophor. In einigen Flechten kommen auch die Zellfäden von *Trentepohlia* vor, die sich, wie im freilebenden Zustand an Baumrinden oder Steinen, durch die Viel-zahl hübscher Carotinoid-Kristalle in ihren Zellen auszeichnen (vgl. Tabelle 1). Nur in etwa 3% aller Flechtenarten werden als Phycobioten Blaualgen zu beobach-ten sein. Genau wie bei den Grünalgen kommen hierfür sowohl einzellige wie auch fädige Vertreter dieser Algenklasse in Frage. Dabei werden uns immer wieder Vertreter der bekannten Cyanophyceen-Gattungen *Chroococcus, Calothrix, Nostoc, Scytonema* etc. begegnen, wobei *Nostoc* hinsichtlich der Häufigkeit meist an der Spitze rangiert. In seltenen Fällen kommen auch Grünalgen und Blaualgen in der gleichen Flechte vor. Nur je eine Gattung (Art) der braunpigmentierten Algenklassen Xanthophyceae und Phaeophyceae wurden bislang in Flechten beobachtet. Über die Verbreitung einzelner Algen in den verschiedenen Flechtengattungen orientiert die vorstehende Tabelle. Beim Vergleich fällt auf, daß eigentlich die meisten Flechtengattungen Algenzellen eines ganz bestimmten Verwandtschaftskreises aufnehmen. Nur bei der Gattung *Verrucaria* gehen die entsprechenden Pilze eine Partnerschaft mit Algen aus allen vier erwähnten Algenklassen ein.

Flechtenpilze

Nachdem wir nun die Algenpartner der Flechten vorgestellt haben, wird noch über die Pilzpartner (=Mycobioten) zu sprechen sein, die massenmäßig den größeren Teil des Flechtenlagers aufbauen, wie das Schnittbild am reichlich vorhandenen und gut entwickelten Mycel erkennen läßt.
Die Pilze sind insgesamt eine der größten Pflanzengruppen überhaupt. Allein in Mitteleuropa gibt es etwa 3000 Arten, die mit einem größeren, formenreich gestalteten oberirdischen Fruchtkörper auffallen. In diesen Fruchtkörpern werden die Fortpflanzungszellen (=Sporen) der Pilze gebildet, nach deren Entstehungsweise man Ständerpilze (Basidiomycetes) und Schlauchpilze (Ascomycetes) unterscheiden kann. Die Pilzkomponenten der bislang bekannten Flechtenarten werden weit überwiegend von den Ascomyceten gestellt; von den weltweit etwa 20 000 vorkommenden Flechtenarten enthalten sicher weniger als 1% einen Vertreter der Basidiomycetes als Pilzpartner. In Mitteleuropa sind solche Basidiomyceten-Flechten sehr selten, so daß in unseren Flechtenproben mit ziemlicher Gewißheit immer nur Ascomyceten vorliegen werden. Diese Verhältnisse liegen exakt umgekehrt wie bei den freilebenden Pilzen: hiervon gehört die große Mehrzahl der uns aus Wald und Flur vertrauten Hutpilze zu den Basidiomyceten.

Kontaktnahme der Partner

Ein entscheidender Gesichtspunkt der Flechtensymbiose ist neben der Frage nach der Artzugehörigkeit der beteiligten Partner auch das Problem, wie Algen und Pilze ihr Zusammenleben organisieren und für die Dauer absichern. Im Vordergrund steht dabei vor allem die Kontaktaufnahme zwischen Algenzellen und Pilzhyphen,

die für die Ernährung der Flechte von größter Bedeutung ist und die die eigentliche „Lichenisierung" der Algenkomponenten ausmacht. Im Flechtenlager können für den Partnerkontakt verschiedene Möglichkeiten realisiert werden. Im einfachsten Fall liegen Algen und Pilzfäden nur sehr locker nebeneinander – eine Form der Partnerbeziehung, die recht häufig bei den Gallertflechten vorkommt. In anderen Fällen können die Pilzfäden durchaus zudringlicher werden: Entweder umgeben sie die einzelnen Algenzellen oder -fäden mit einem lockeren Geflecht oder umspinnen ihre Partner mit einem sehr dichten Netzwerk. Diese Art der Annäherung kann sogar so weit gehen, daß einzelne Algenzellen vom zuständigen Hyphengeflecht völlig eingeschlossen werden. Die eindrucksvollen Umklammerungshyphen der Flechtengattung *Cladonia* sind dafür ein gutes Beispiel.

Nachdem Algenzellen und Pilzhyphen eine möglichst enge Lagebeziehung zueinander eingenommen haben, geht die Annäherung aber noch weiter. Einzelne Pilzhyphen, die man als Haustorien bezeichnet, stellen zu ihren Algenzellen nunmehr auch einen direkten physischen Kontakt her, wobei die Zellwände beider Partner förmlich aneinandergepreßt werden, zusätzlich aber auch miteinander verschmelzen oder sogar aufgelöst wer-

den. Im letzteren Fall durchstoßen die Pilzhaustorien die Algenwände unmittelbar, dringen jedoch niemals **in** das Zellplasma ihres Algenpartners ein. Im Bereich der gegenseitigen Kontaktzone reagieren beide Partner mit einer deutlichen Oberflächenvergrößerung. Bereits aus dieser Beobachtung ist die Vermutung abzuleiten, daß hier ein geregelter, intensiver Stoffaustausch zwischen Phycobiot und Mycobiot abläuft. Auf diese für die Biologie der Flechte ungemein wichtige Erscheinung werden wir noch zurückkommen.

Vermehrung

Neben der Herstellung eines genügend hautnahen Kontakts zwischen Flechtenalge und Flechtenpilz muß für die Sicherung der Flechtensymbiose aber auch die Frage der Fortpflanzung und Vermehrung geregelt werden. Im Rahmen der Ernährungsgemeinschaft Flechte ist ausnahmslos nur der jeweilige Pilzpartner zur generativen (geschlechtlichen) Fortpflanzung befähigt; die Flechtenalgen können sich hingegen

Bild 11. Die Hundsflechte (*Peltigera canina*) ist eine gut erkennbare und (noch) häufigere Blattflechte.

Bild 12. Lungenflechte (*Lobaria pulmonaria*), häufig als Heilpflanze verwendet.

nur noch vegetativ, z. B. durch einfache Teilung, vermehren. Folglich werden auch die spezifischen Vermehrungseinrichtungen der Flechten immer größte Ähnlichkeiten zu den Fruktifikationsorganen der beteiligten Pilze aufweisen, bei den mitteleuropäischen Flechten also mit den typischen Fruchtkörperformen der Ascomyceten – Apothecien und Perithecien – in Erscheinung treten. Danach lassen sich beispielsweise Flechten mit scheibenförmigen Fruchtkörpern (= Apothecien; scheibenfrüchtige oder gymnocarpe Flechten) von solchen mit flaschen- oder birnenförmigen Fruchtkörpern (= Perithecien; kernfrüchtige oder pyrenocarpe/angiocarpe Flechten) unterscheiden (Bilder 1, 2). Die Fruchtkörper umschließen ein dichtes Gewebe (Hymenium), in dem sterile Pilzfäden (Paraphysen) mit schlauchförmigen Gebilden (Asci) zusammenstehen, in denen die Pilzsporen (Ascosporen) gebildet werden. Die Ascosporen werden aus ihren Asci ausgeschleudert, von Wasser oder Wind verfrachtet, und keimen, wie bei den freilebenden Pilzen, völlig normal zu einem neuen Pilzfaden aus. Zur weiteren Entwicklung und Erhaltung müssen sie aber unbedingt mit geeigneten Algen zusammentreffen, die eine Lebensgemeinschaft mit diesem Pilz eingehen und ertragen können. Auf diese Weise kann eine Flechte aus den generativ gebildeten Ascosporen und im gleichen Lebensraum vorkommenden Algen aus lichenisierbaren Gattungen jedesmal von neuem entstehen.

19

Bild 13. Das Isländische „Moos" (*Cetraria islandica*) gilt auch heute noch als Heilpflanze.

Die Neuentstehung einer Flechte ist aber grundsätzlich an die Anwesenheit passender Algen gebunden und damit einer kaum kalkulierbaren Unsicherheit ausgeliefert. Daher haben die Flechten für ihre Bestandssicherung neben der generativen Fortpflanzung noch weitere Möglichkeiten entwickelt, in denen die Weitergabe der Flechtenalgen sozusagen vorprogrammiert ist. Das Patentrezept lautet hier ganz einfach: gemeinsame Vermehrung der Flechtenpartner. Die hierfür bereitstehenden Möglichkeiten stellen eine ganz besonders erfolgreiche Anpassung an das symbiontische Zusammenleben von Algen und Pilzen dar.

Am Flechtenthallus können kleine Auswüchse entwickelt werden, die aus Pilzhyphen bestehen, aber zusätzlich auch eine Mindestportion Algen enthalten. Sie werden als Isidien bezeichnet und können kugelig, schuppig oder warzig aussehen. Bei vielerlei Gelegenheiten brechen sie leicht ab und sind dann wirksame Verbreitungseinheiten der jeweiligen Flechte, in denen der Flechtenpilz seinen passenden Algenpartner bereits mit sich führt. Solche Isidien können der Ausgang eines neuen Flechtenlagers sein.

Etwas anders liegen die Verhältnisse bei den Soredien, die ebenfalls kleine Verbreitungspäckchen mit Pilz- und Algenanteilen darstellen, jedoch nicht passiv abgebrochen, sondern von der Flechte aktiv abgestoßen werden, nachdem sie an bestimm-

20

Bild 14. *Lassallia (Umbilicaria) pustulata* ist ein Vertreter der genabelten Flechten.

ten Stellen des Flechtenthallus, den Soralen, vorbereitet wurden (Bild 8). In den meisten Fällen lösen sich dazu etwa die Flechtenrinde (Flächensorale) oder der Thallusrand (Randsorale) mehlig auf. Auch hier wird die Verbreitung von Wind oder Wasser besorgt, wobei ein Teil der ausgestreuten Soredien sicher irgendwo Bedingungen findet, unter denen sich das Pilzgeflecht wieder vergrößern kann und sich auch die mitgebrachten Algenzellen vermehren können.

Flechtenformen und Wuchstypen

Trotz ihrer geradezu unglaublichen Formenvielfalt, die zunächst kein ordnendes Einteilungsprinzip erkennen läßt, können die verschiedenen Flechtenarten im Grunde genommen nur wenigen Wuchsformen zugeordnet werden. Als wichtigstes Einteilungskriterium kommen dafür die typische Thallusform und dessen Wuchshöhe bei den einzelnen Arten in Frage, so daß man ganz einfach krustenförmige, blattförmige und strauchförmige Flechtenthalli unterscheiden und entsprechend von

21

Krusten-, Blatt- und Strauchflechten sprechen kann. Eine solche Einteilung ist jedoch lediglich auf Merkmale der äußeren Erscheinung einer Flechte gegründet und stellt keinerlei Verwandtschaftszusammenhänge zwischen ähnlich geformten Flechtenthalli her. Deshalb können Flechtenarten einer Gattung durchaus in verschiedenen Wuchsformen auftreten. Außerdem stellen diese Hauptgruppen ohnehin nur Momentaufnahmen einer sehr viel umfangreicheren Palette primitiver und hochentwickelter Flechtenformen dar, die natürlich durch fließende Übergänge miteinander verbunden sind.

Krustenflechten

sind oft nur hauchdünne, flächige Gebilde, die ihrer Unterlage meist so dicht anliegen, daß sie nur gewaltsam und nicht ohne Beschädigung davon abgelöst werden können. Folglich bilden solche Flechten mehr oder weniger dichte, geschlossene Überzüge auf Gestein, Rinden, Erden und anderen, meist flachen Substraten (Bild 9). Sehr oft ist die Thallusoberfläche solcher Flechtenarten nicht absolut eben und glatt, sondern rissig und schorfig; die Oberseite der Krustenflechten ist häufig in kleinere Flechtenkörper (Areolen) gefeldert. In diesen kleineren Flechtenfeldern sind die Algenpartner (Phycobionten) überwiegend unregelmäßig verteilt. Bei einigen Formen ist allerdings auch schon der Beginn der Thallusschichtung zu finden – eine Thallusorganisation, die sicher auf einer bereits fortgeschrittenen, höheren Entwicklungsstufe anzusetzen ist.
Die Krustenflechten weisen eine große Zahl rindenbewohnender Arten auf. Dabei sind solche Formen, die auf der Rinden- oder Borkenoberfläche wachsen, von einer anderen Artengruppe zu trennen, die innerhalb der Baumrinde leben und sich dort im Bereich der äußeren (abgestorbenen) Zellagen entfalten. Die gleiche Situation findet man bei den gesteinsbewohnenden Arten. Flechten, die auf ihrer Gesteinsunterlage leben, stehen andere gegenüber, die sich sogar im Gestein häuslich einrichten. Die Lager derartiger endolithischer Flechten sind oft nur an der Verfärbung der Substratoberfläche zu erkennen. Bei diesen hochspezialisierten Arten (Steinbinnenflechten) sind die Pilzhyphen tatsächlich imstande, in feinste Gesteinsrisse einzudringen, sie für Niederschlagswasser passierbar zu machen (womit die Möglichkeit der Frostsprengnis eröffnet wird) und schließlich sogar durch die Abgabe chemischer Kampfstoffe selbst härtesten Fels in wasserlösliche Verbindungen zu zerlegen. Endolithische Flechten wachsen nämlich nicht nur in weicherem Kalkgestein, sondern auch in Dolomit und selbst im sprichwörtlich harten Granit. In manchen Steinen kann man noch zwei Zentimeter unter der Oberfläche die Thalli endolithischer Krustenflechten finden. Infolge ihrer gesteinslösenden Aktivitäten versinken mitunter ganze Areolen unter die Substratoberfläche. Insgesamt bewohnen die

Bild 15 (oben). *Cladonia mitis,* eine Art der weitverbreiteten Rentierflechten.

Bild 16 (rechts). *Roccella fuciformis,* die Lackmusflechte, dient zur Farbstoffgewinnung.

Steinbinnenflechten sicher einen der extremsten, pflanzlichen Organismen überhaupt möglichen Lebensräume.

Blatt- oder Laubflechten

bestehen meist aus einem flachgedrückten Lager von häufig kreisrundem Umriß, in dem randwärts wachsende, schmalbandförmige oder blättrige Lappen (Loben) erkennbar sind. Diese Loben sind im mikroskopischen Feinbau deutlich geschichtet, zeigen eine eindeutige Ober-

Bild 17 (links). *Ramalina fraxinea* ist ein Vertreter der leider selten gewordenen Bandflechten auf Laubbäumen.

Bild 18 (rechts). Bartflechten, hier *Usnea barbata*, kommen bevorzugt im feuchteren Bergland vor.

und Unterseite (dorsiventraler Bau) und lassen bereits gewisse gestaltliche Ähnlichkeiten zu den Blattorganen höherer Pflanzen anklingen: Die als Primärproduzenten in der Flechtenassoziation wichtigen Algen werden nicht mehr diffus über den gesamten Thallusquerschnitt verteilt, sondern in einer oberflächennahen Zone konzentriert und dadurch zwangsläufig ins rechte Licht gerückt, in dem sie ihr Photosynthesepotential voll entfalten können. Je nachdem, wie die Loben der Blattflechten den Kontakt zur Unterlage herstellen, können wiederum verschiedene Typen unterschieden werden. Mitunter sind die Flechten mit einfachen Haftfasern (Rhizoidhyphen) auf der Unterlage befestigt. In anderen Fällen können kräftigere Haftstränge (Rhizinen) diese Funktion wahrnehmen. Solche Befestigungseinrichtungen können auf Teilbereiche der Lobenunterseite beschränkt sein oder auch die gesamte Fläche erfassen. Von solchem Thallusbau sind beispielsweise unsere größten einheimischen Blattflechten, nämlich die Hundsflechte (*Peltigera canina,* Bild 11) oder die Lungenflechte (*Lobaria pulmonaria,* Bild 12). Bei der sehr auffallenden Art Isländisches Moos (*Cetraria islandica,* Bild 13) werden die ursprünglich flachen Loben randwärts eingerollt und aufgerichtet, so daß bereits der Eindruck einer Strauchflechte entsteht. Einen Sonderfall innerhalb der Blattflechten bilden die merkwürdigen Nabelflechten (z. B. die Vertreter der Gattung *Umbilicaria,* Bild 14), die mit einer zentralen, rundlichen Haftscheibe ihrer jeweiligen Unterlage aufsitzen. Dadurch nimmt der Thallus dieser Arten eine mehr schildförmige Gestalt an.

Strauchflechten

wachsen nicht mehr überwiegend oder ausschließlich flächig ausgebreitet auf Gestein oder anderen passenden Unterlagen, sondern beispielsweise in Form auf-

rechter Rasen auch in der dritten Dimension. Strauchflechten sind von Blatt- oder Laubflechten am ehesten durch ihren etwas abweichenden Thallusbau zu unterscheiden; während bei den Blattflechten die Algenpartner vorzugsweise in den oberseitennahen Thallusschichten konzentriert sind, halten sie sich bei den Strauchflechten rundum unter der Thallusberindung auf. Dadurch ist bei den Strauchflechten trotz Schichtbau keine eindeutige Ober- und Unterseite erkennbar – ihr Thallus ist radiär aufgebaut. Diese im Querschnitt ringförmige Unterbringung der Algen im Flechtenlager wird nur dann aufgegeben, wenn, standortbedingt, eine Thallusseite etwas mehr in die Richtung des einfallenden Lichtes weist, während die andere häufiger beschattet bleibt.

Das typische Erscheinungsbild einer Strauchflechte begegnet uns entweder in der Form von Flechten mit abgeflachten, lobenartigen Thallusabschnitten, die zudem auch noch stärker verzweigt sein können (z. B. Vertreter der Gattungen *Roccella,* Bild 16, oder *Ramalina,* Bild 17), oder als Flechten mit drehrunden Ästen, die häufig auch als Bartflechten bezeichnet werden (Arten der Gattungen *Usnea,* Bild 18, und *Alectoria,* Bild 19). Die Bartflechte *Usnea longissima,* die im nebelfeuchten Bergland von den Bäumen in dichten Schleiern herabhängt, kann mehrere Meter Länge erreichen und zählt damit zu den Giganten dieser Pflanzengruppe. Normalerweise werden die Flechten aber mit bescheideneren Abmessungen auftreten und allenfalls im Millimeter- oder höchstens Zentimetermaßstab zu messen sein.

25

Kruste, Blatt und Strauch sind Wuchsformen von Flechtenarten, bei denen das äußere Erscheinungsbild der Pflanze überwiegend oder sogar ausschließlich vom Pilzpartner der Artenassoziation bestimmt wird. In der Mehrzahl aller Fälle werden in den Flechtenarten dieser Bautypen auch Grünalgen als autotrophe Partner anzutreffen sein. Von dieser Artengruppe sind dagegen die einfacheren, weitaus primitiveren Flechten abzuheben, bei denen umgekehrt in erster Linie der Algenpartner die Wuchsform der Flechte bestimmt. In solchen Systemen werden außerdem wesentlich häufiger Blaualgen als Partner vorkommen. Solche vergleichsweise ursprünglichen Organisationsmodelle, die in keinem Fall die anatomische und morphologische Komplexität der Blatt- oder Strauchflechten erreichen, sind beispielsweise die Gallertflechten, bei denen die Pilzhyphen lediglich in den Gallerthüllen der (Blau-)Algen wohnen (Bild 20).

Eine recht kleine, im Landschaftsbild aber häufig stärker hervortretende Flechtengruppe, die Staub- oder Schwefelflechten, müssen wir hier noch gesondert betrachten, weil sie keiner der vorhin genannten Flechten ohne weiteres anzuschließen sind. Man begegnet diesen Pflanzen häufig an feuchteren Felswänden oder auch an Baumstämmen, auf denen sie meist sehr ausgedehnte Überzüge bilden. Dabei handelt es sich um Flechten, die noch keine geschlossenen Flechtenlager formen und erst recht keine typischen Pilzfrüchte entwickeln können, insgesamt also recht unvollkommen einander zugeordnete Partner darstellen. Dennoch geben sie aufgrund ihrer leuchtend gelben (*Lepraria candelaria*) oder gelblichgrünen Färbung (*Lepraria chlorina*) sehr dekorative Gebilde ab.

Flechtenleben

Wachstum und Alter der Flechten

Fast alle Flechten wachsen sehr langsam. Diese Tatsache wird verständlich, wenn man bedenkt, daß viele Flechten wegen ihrer speziellen Standorte wohl den größten Teil ihres individuellen Lebens im ausgetrockneten Zustand verbringen. In diesem Zustand, den man als eine Art Trockenstarre umschreiben könnte, fehlt dem Thallus das lebensnotwendige Wasser, und folglich ruht der gesamte Stoffwechsel der Flechte, sowohl der des Phycobionten wie auch der des Mycobionten. In dieser Verfassung ist die Flechte aber sicher nicht tot: man wird eher versucht sein, einen solchen Zustand latenten Lebens als „physiologischen Schlaf" zu bezeichnen.

Wird der Flechte durch hohe Luftfeuchtigkeit, Tau oder direkte Niederschläge wieder Wasser zugeführt, stellen sich die verschiedenen Stoffwechselaktivitäten beider

Bild 19 (rechts). *Alectoria sarmentosa* ist eine Strauchflechte, die nur in ungestörten Wäldern geeignete Lebensbedingungen findet.

Bild 20 (unten). *Collema polycarpon* ist eine Gallertflechte, deren Algenpartner eine Blaualge aus der Gattung *Nostoc* ist.

Partner sehr schnell wieder ein. Die für das Wachstum des Gesamtthallus unabdingbare Voraussetzung, die photosynthetische Primärproduktion organischer Substanz durch die Algen, kann eben nur bei ausreichendem Vorhandensein von Wasser ablaufen. Daraus ergibt sich eine interessante Folgerung. Wenn eine einhundertjährige Flechte nur während 25% ihrer Lebenszeit in angefeuchtetem Zustand aktiven Stoffwechsel betreiben konnte, so beträgt ihr wirkliches, physio-

Tabelle 2. Wachstumsleistungen einiger Flechtenarten	
Strauchflechten:	
Cladonia rangiferina	2 – 5 mm/Jahr
Blattflechten:	
Peltigera aphthosa	5 – 10 mm/Jahr
Peltigera canina	18 mm/Jahr
Peltigera rufescens	25 – 27 mm/Jahr
Physcia caesia	0,8 – 1,1 mm/Jahr
Parmelia saxatilis	1,7 – 3,2 mm/Jahr
Krustenflechten:	
Lecanora muralis	1,3 mm/Jahr
Rhizocarpon geographicum	0,2 – 0,6 mm/Jahr

logisches Alter tatsächlich nur 25 Jahre. Nur wenn alle übrigen Lebensvorgänge einer Flechte – Photosynthese und Atmung in erster Linie – uneingeschränkt funktionieren, können natürlich die Alterungsprozesse ablaufen, die letztlich zum Absterben eines Organismus führen. Die zeitweilige Stoffwechselruhe der Flechten zögert diesen Zeitpunkt recht weit hinaus.

In Tabelle 2 ist der durchschnittliche Jahreszuwachs für einige Flechten angegeben. Abgesehen von den großlappigen *Peltigera*-Arten beläuft sich die jährliche Zuwachsleistung nur auf wenige Millimeter. Besonders bei den Krustenflechten scheint dieser jährliche Thalluszuwachs der einzelnen Arten ziemlich einheitlich und selbst für verschiedene Klimagebiete von der gleichen Größenordnung zu sein. Bei der Bestimmung und Messung des Flechtenwachstums kann man sich folgender, vergleichsweise einfacher Methoden bedienen:

Bei den direkten Meßverfahren werden die ausgesuchten Thalli in Abständen von mehreren Monaten bis zu einigen Jahren mit einem Lineal möglichst genau vermessen. Durch einen Vergleich der Einzeldaten kann man dann das Wachstum in den verschiedenen Richtungen sofort ermitteln. Praktischer und sicherlich auch weniger fehlerbelastet ist jedoch eine andere Methode, die Sie auch an Ihrer Gartenmauer einmal ausprobieren können: Besonders bei den Blatt- und Krustenflechten ist es wesentlich günstiger, die Thalli in regelmäßigen Intervallen mit festgelegtem Abbil-

Bild 21 (rechts oben). *Rhizocarpon geographicum*, die Landkartenflechte, gehört zu den bekanntesten Krustenflechten.

Bild 22 (rechts unten). *Lecanora muralis* ist eine typische Stadtflechte. Sie wächst rund 1,3 mm im Jahr.

22 Jahre

13 Jahre

13 Jahre

10 Jahre

4 Jahre

dungsmaßstab einfach zu fotografieren und als vergrößertes Bild z. B. mit Millimeterpapier auszumessen. Für die serienmäßige Vermessung solcher Fotos gibt es bereits automatisch arbeitende Bildauswertegeräte.

Bei der indirekten Methode der Flechtenvermessung bedient man sich genau datierbarer Substrate. Bäume bekannten Alters, Grabsteine oder Denkmäler aus historischer Zeit, genauer belegte Gletschermoränen oder auch Bauwerke, deren Entstehungszeit bekannt ist, bieten hierfür die besten Untersuchungsmöglichkeiten. Eine solche Altersbestimmung und Wachstumsmessung der Flechten setzt allerdings voraus, daß alle Substrate recht bald von Flechten besiedelt wurden und daß Flechten gleicher Größe auch von gleichem Alter sind. Man geht dabei so vor, daß bei den größten Thalli des gerade untersuchten Substrates (Baum, Mauerwerk etc.) das Alter der Unterlage zur Größe des Flechtenthallus in Beziehung gesetzt und der jährliche radiale Zuwachs errechnet wird. Je mehr Einzelthalli man mit dieser Methode der Altersbestimmung datiert, desto verläßlicher wird natürlich die als Jahreszuwachs ermittelte Wachstumsleistung. Umgekehrt wird man mit umfangreichem Datenmaterial auch Unterlagen unbestimmten Alters (Baumrinden, Gletschermoränen, vorgeschichtliche Denkmäler u. a.) zurückdatieren können. Diese biometrischen Möglichkeiten und Verfahren zur Altersbestimmung bezeichnet man als Lichenometrie. Trotz vieler Unsicherheiten und Fehlerquellen liefert sie recht brauchbare Ergebnisse.

Mit Hilfe der indirekten Altersbestimmung konnten in der Hauptsache Krustenflechten datiert werden. Für eine der wohl bekanntesten Krustenflechten-Arten, der Landkartenflechte (*Rhizocarpon geographicum*, Bild 21), konnten in den Gletschervorfeldern der Alpen Einzelthalli im Alter von 350 bis zu 1300 Jahren nachgewiesen werden. R. BESCHEL, der die Grundlagen der Lichenometrie entwickelt hat, konnte mit Hilfe dieser Verfahren auf Grönland sogar Flechten im Alter von mehr als 4000 Jahren ermitteln. Direkte Messungen an Blatt- und Strauchflechten ergaben für die meisten mitteleuropäischen Arten ein maximales Durchschnittsalter von etwa 30–50 Jahren. Die genauere Vermessung der Zuwachsraten der gerade in Städten und Siedlungsgebieten noch häufiger anzutreffenden *Lecanora muralis* läßt wichtige Rückschlüsse auf die Qualität des typischen Stadtklimas zu. Unsere Abbildung gibt einen Eindruck von den Wuchsleistungen dieser Flechtenart.

Wieso Bioindikatoren?

Höhere Pflanzen, Moose, Farne, Algen, Pilze oder auch Flechten, die bestimmte Faktoren oder Lebensbedingungen in einem Biotop erkennen lassen, bezeichnet man als Bioindikatoren. Von den sogenannten Zeigerpflanzen unter den Blütenpflanzen, die vielleicht Klima, Bodenverhältnisse, Wasserversorgung, Nährstoffan-

Bild 23. *Peltigera aphthosa* ist eine (im feuchten Zustand) kräftig gefärbte Laubflechte.

gebot u. a. angeben, ist uns diese Eigenart vieler Organismen vielleicht eher vertraut. Flechten – und dadurch ist das seit einigen Jahren verstärkte Interesse an ihnen vor allem begründet – gelten als besondere Bioindikatoren. Die meisten Arten, darunter überwiegend die auf Rinden wachsenden Formen, zeigen durch ihr Vorkommen oder Fehlen die Qualität der Luft an; überall da, wo reichlicher Flechtenaufwuchs auf Baumrinden oder auf Hausdächern zu beobachten ist, ist die Luft sauber oder allenfalls mit sehr geringen Verunreinigungen belastet.

Die für Flechten unverträglichen Schadstoffe in der Luft, die auf industrielle oder häusliche Immissionen zurückgehen, sind vor allem Schwefeldioxid (SO_2) und Fluorwasserstoff (HF). Die gegenüber den meisten anderen Organismen, beispielsweise Moosen oder höheren Pflanzen, erheblich höhere Empfindlichkeit gerade der Flechten kann nur auf Ursachen zurückgehen, die mit der Lichenisierung der Algen im Flechtenthallus zusammenhängen. Freilebende Grünalgen etwa sind auch in stark immissionsbelasteten Gebieten auf Baumrinde zu finden (Bild 24). Da jedoch die autotrophe Alge innerhalb der Flechtenassoziation den heterotrophen Pilz in allen Lebensphasen miternähren muß, bleibt ihr für ihren eigenen Stoffwechselbereich nur ein Bruchteil der auf photosynthetischem Wege hergestellten organischen Substanz. Eine mittelbare oder unmittelbare Verschlechterung ihrer Lebensbedingungen im Flechtenthallus, z. B. bestimmte Grenzkonzentrationen an phytotoxischen Schadstoffen von der Art des SO_2 oder der HF führen zur Unterschreitung ihres Existenzminimums, und als erkennbare Folge sterben beide Partner, Alge und Pilz, langsam ab.

Aus sehr ähnlichen oder auch direkt vergleichbaren Gründen reagieren Flechten auch außerordentlich sensibel auf andere Störungen oder Veränderungen ihres Biotops, beispielsweise auf geänderte Wasserzufuhr oder Lichtverhältnisse – Veränderungen, die mitunter sicher auch natürlich und ohne direkten Eingriff des Menschen und seine ihn umgebende Zivilisationssteppe eintreten können.

Tiefgreifende Umweltveränderungen mit Verunreinigung der Luft und Störungen des Wasserhaushalts sind seit langem ein Kennzeichen dicht besiedelter und industrialisierter Gebiete. Solche Zonen, wie die Ballungsräume an Rhein – Ruhr oder Rhein – Main – Neckar und darin etwa die Großstädte Köln oder Frankfurt gelten bereits als richtige Flechtenwüsten. In der anthropogen veränderten Umwelt dieser Gebiete können nur noch sehr wenige Flechtenarten leben, die sich irgendwie gegen die zunehmende Umweltbelastung behaupten. Die Tabelle 3 zeigt die unterdessen bekannten Toleranzgrenzen für die Schadstoffe SO_2 und HF.

Von wesentlicher Bedeutung für die Toxizität der Luftschadstoffe ist eigenartigerweise die Unterlage der Flechtenarten. Saure Substrate, wie etwa Baumrinden, und saure Gesteine wie Granit und Gneis bedingen eine deutlich stärkere Schädigung der Flechten als basische Thallusunterlagen. Dies liegt daran, daß SO_2 im pH-Bereich unter 7 als Gashydrat ($SO_2 \cdot 7\,H_2O$) vorliegt – in dieser Form entfaltet es bekanntlich seine größte Giftwirkung. Im Bereich oberhalb pH 7, auf Substraten von basischer Reaktion, erfolgt dagegen eine Überführung des SO_2 in die Ionen der entsprechenden Säuren, nämlich HSO_3^- und SO_3^{2-}. Die Giftigkeit des SO_2-Moleküls oder der resultierenden Anionen nimmt vom Gashydrat zum Sulfition erheblich ab, zumal SO_3^{2-} in Gegenwart von Sauerstoff auch vergleichsweise leicht zu SO_4^{2-} (Sulfation) umgewandelt werden kann und dann nur noch in sehr geringem Maße schädlich wirkt. Daher finden wir in den Zentren unserer Großstädte und in den industriellen Ballungsgebieten Flechten fast nur noch auf stärker alkalischer Unterlage. Solche Formen, die auch bei größerer Abgasbelastung der Luft noch leben können, sind etwa *Lecanora muralis*, *Lecanora dispersa* oder *Candelariella vitellina*, die die Abbildungen zeigen. Gibt es in Ihrem Wohngebiet auch noch andere Flechtenarten?

Die sichere Anzeige verunreinigter Luft durch Fehlen oder Absterben bestimmter Flechtenarten läßt sich auch unmittelbar durch Verpflanzungsexperimente zeigen. Wenn man Arten wie *Hypogymnia physodes* aus phytotoxisch unbelasteten Regionen etwa der Mittelgebirge oder des Alpenvorlandes entnimmt und in schad-

Tabelle 3. Resistenzeigenschaften einiger Flechtenarten gegen Schwefeldioxid in der Luft

SO_2-Konzentration ($\mu g/m^3$)	Flechtenart
>170	keine Flechte
~150	*Lecanora conizaeoides*
~ 70	*Xanthoria parietina*
~ 60	*Ramalina farinacea*
~ 40	*Anaptychia ciliaris*
< 30	*Ramalina fraxinea*
0	*Lobaria amplissima*

stoffbelastete Gebiete einbringt, so zeigt sich schon bei sehr geringer Luftverschmutzung durch SO_2 nach wenigen Wochen das allmähliche Absterben der Flechte durch deutliche Thallusverfärbung. Solche Versuche sind andererseits jedoch auch mit einiger Vorsicht zu interpretieren, da ja auch andere Standortfaktoren wie Licht oder Wasserversorgung verändert worden sein könnten. Besonders eindrucksvoll zeigt sich die Flechtenfeindlichkeit der Großstädte jedoch immer wieder in der erstaunlichen Artenarmut. Wenn man die Anzahl von auffindbaren Flechtenarten als Maßzahl nimmt, wird man vom Zentrum einer Großstadt oder eines industriellen Ballungsgebietes ausgehend immer wieder einen Artengradienten zu den Randzonen oder unbelasteten Gebieten hin feststellen können. Flechtenkartierungen im Wohnbereich haben sicher einen hohen Aussagewert über die stadtökologische Qualität solcher Standorte.

Stoffproduktion in den Flechten

Die Primärproduktion organischer Substanz ist innerhalb der Flechtensymbiose nur dem Algenpartner, dem Phycobioten, möglich, weil nur diese Teile der Flechte über die entsprechenden Einrichtungen zur photosynthetischen Kohlenstoffassimilation verfügen. Der heterotrophe Pilz ist dagegen in seiner Ernährung völlig auf die Zufuhr organischer Substanz durch die Algen angewiesen. Für das Zusammenleben solcher, vom Ernährungstyp her sehr ungleicher Partner, wie es Alge und Pilz in der

Flechte darstellen, hat sich seit langem der Begriff Symbiose eingebürgert. Dieser Begriff soll aussagen, daß zwei in ihrer Lebensweise gänzlich unterschiedliche Organismen verträglich zusammenleben und ihre verschiedenen physiologischen Fähigkeiten und Eigenarten zu gegenseitigem Nutzen in diese Lebensgemeinschaft einbringen. Eine auf jeden Fall zutreffende und allgemein gültige Aussage darüber, ob das Zusammenleben von Alge (Phycobiot) und Pilz (Mycobiot) in der Flechte tatsächlich immer partnerfreundlich und zu gegenseitigem Nutzen gestaltet wird, ist sehr schwierig, wenn nicht sogar völlig unmöglich.

Ernährer der gesamten Flechtenlebensgemeinschaft ist ausschließlich immer die Alge, die wie alle grünen Pflanzen aus Wasser und Kohlendioxid unter direkter Ausnutzung der Energie des einfallenden Sonnenlichtes auf ausgeklügelten Synthesewegen energiereiche, organische Substanzen herstellt. Ihr Beitrag zum Gelingen der Flechtensymbiose ist damit bereits in seinen wichtigsten Zügen angegeben. Die entsprechenden Gegenleistungen des Flechtenpilzes können beim heutigen Stand der Forschung immer noch nicht eindeutig angegeben werden. Die immer wieder

Bild 24. Während rindenbewohnende Flechten Stadtbäume weitgehend meiden, gedeihen hier bestimmte Grünalgen (z. B. *Pleurococcus viridis*) recht gut.

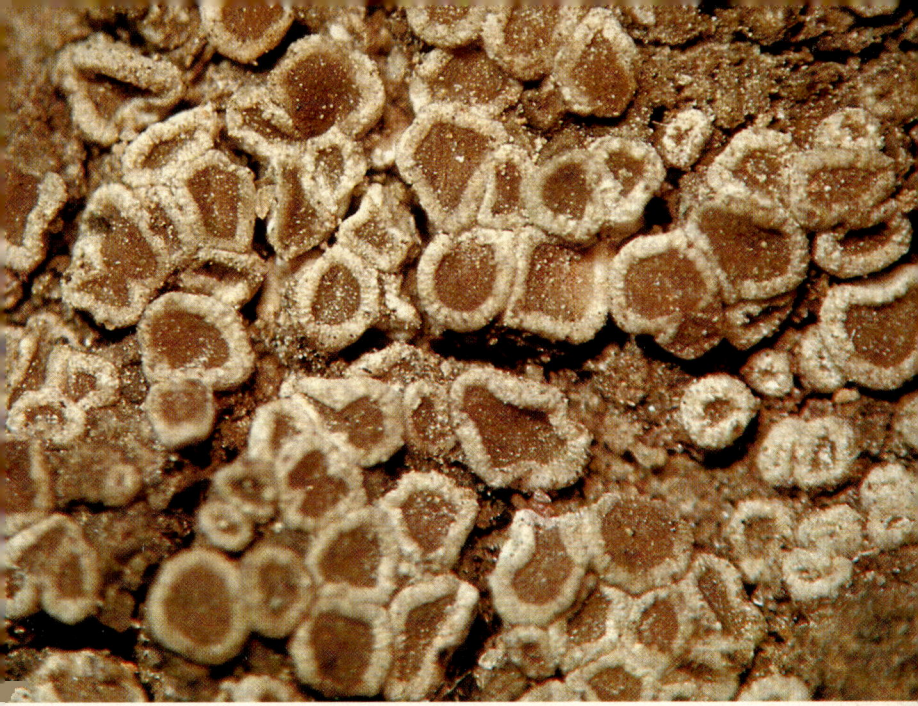

Bild 25. *Lecidea dispersa,* eine Stadtflechte mit weißrandigen Apothezien.

beschriebene und betonte Rolle des Pilzes bei der Besiedlung extremer Standorte kann sicherlich nur sehr begrenzt als Leistung für die Symbiose verstanden werden. Ganz sicher kann ein entsprechender Pilz schwierige Standorte wie nackte Gesteins- flächen oder Rohböden in alpinem oder arktischem Klima allein nicht besiedeln, denn partnerschaftsfähige Algen müssen im gleichen Gebiet und am gleichen Standort als freilebende Organismen in jedem Fall ebenfalls vorhanden sein, um auskeimende Flechtenpilzsporen als lichenisierbare Partner zur Verfügung zu ste- hen und die Flechtensymbiose begründen zu helfen.

Viele der in dieser eigenartigen und auffälligen Art des Zusammenlebens photo- autotropher (Alge) und heterotropher (Pilz) Lebewesen sich dokumentierenden Probleme sind bisher trotz intensiver Forschung noch nicht genügend aufgeklärt worden, um die zugrundeliegenden Abläufe und Vorgänge in allen Einzelheiten zu verstehen. Dies zeigt sich beispielsweise besonders an einem wichtigen Kernpro- blem, nämlich der Frage, wie denn der Flechtenpilz an die von den Flechtenalgen photosynthetisch produzierten Assimilate herankommt. Ein vergleichsweise ein- fallsloser und direkter Weg, sich die Kohlenstoffquellen der Algen verfügbar zu machen, könnte ja eigentlich darin bestehen, die Algen enzymatisch zu attackieren,

Bild 26. *Candelariella vitellina* kommt am gleichen Standort vor, zeigt aber gelbumrandete Apothezien.

sie vielleicht kurzerhand aufzulösen und die freigesetzten Verbindungen unmittelbar aufzunehmen. Dieses Verfahren wäre auf Dauer sicher nicht sehr ökonomisch und würde außerdem wohl auch nicht mehr als partnerschaftliches, ausgewogenes Verhältnis zwischen Alge und Pilz aufzufassen sein. In Wirklichkeit geht die Assimilatversorgung der Pilze durch ihre Algen auch wesentlich subtiler vor sich: Durch einen in Einzelheiten noch nicht aufgeklärten, wahrscheinlich aber mit chemischen Mitteln abgegebenen Signalreiz stimmt der Pilzpartner seine Algen derart wirksam um, daß die autotrophen Partner offenbar gar nicht anders können, als einen Teil ihrer Assimilate (Photosyntheseprodukte) an den Pilz abzugeben. Diese Assimilatabgabe erfolgt dann als Stoffwanderung aus der Algenzelle durch die begrenzenden Membranschranken unmittelbar in die Pilzhyphen, die den Kontakt zu den Algenzellen herstellen. Es sind überwiegend recht einfach gebaute organische Verbindungen, z. B. Zucker und Zuckeralkohole, die dem Pilz auf diese raffinierte Weise als notwendige Energiequelle für seinen Baustoffwechsel und sein Wachstum zur Verfügung gestellt werden. Es ist andererseits aber auch ziemlich sicher, daß die Abgabe der wertvollen Kohlenhydrate durch die Alge durchaus nicht freiwillig erfolgt. Einerseits geben nämlich freilebende Algen ihre Assimilate unter Normalbedingungen in nur sehr geringem Umfang an ihre Umgebung ab, und andererseits verlieren Grün- oder Blaualgen, die man aus einem Flechtenthallus isoliert, die Fähigkeit zur Assimilatabgabe schon nach kurzer Zeit. Zwei verschiedene Wege der Kohlenhydratversorgung der Flechtenpilze durch die assoziierten Algen konnten bislang in aufwendigen Versuchsreihen festgestellt werden. Bei Flechten, die als Phycobioten Vertreter der Blaualgengattungen *Nostoc, Stigonema, Scytonema, Dichothrix, Gloeocapsa* o. a. enthalten, kann immer wieder Traubenzucker (Glucose) als Transportsubstanz von der Alge zum Pilzgeflecht nachgewiesen werden. Alle Energie, die der Pilz benötigt, und alle Verbindungen, die er selbst synthetisieren kann, gehen also letztlich immer nur auf das von den Algen synthetisierte und angelieferte Glucose-Molekül zurück.

Bei Grünalgenflechten werden dagegen meist die Zuckeralkohole als Wanderungsprodukte von der Alge zum Pilz eingesetzt. Zuckeralkohole (Polyole) sind eine etwas weniger bekannte Verbindungsgruppe innerhalb der Kohlenhydrate, von denen aber beispielsweise Sorbit und Mannit von großer Bedeutung auch für die Humanmedizin sind. Der Transferweg, auf dem diese Stoffe vom Syntheseort Alge

Bild 27. *Solorina crocea*, mit dunkel abgesetzten Apothezien, ist Erstbesiedler auf Rohböden.

zum Wirkort Pilz gelangen, ist bei den Grünalgenflechten möglicherweise den Verhältnissen bei den Blaualgenflechten in den wichtigsten Zügen vergleichbar. Außerdem kennt man inzwischen nicht nur die übergehenden Verbindungen, sondern auch die Raten, mit denen die Stoffe zwischen den Flechtenpartnern (einseitig) wandern. Art- und situationsabhängig exportieren die Flechtenalgen zwischen 10 und 60% ihrer photosynthetisch gebildeten organischen Substanzen. Daß diese gewaltige Ausschleusung die Algen letztlich nicht verarmen und sozusagen verhungern läßt, zeigt, in welchem Umfang und mit welcher Effizienz sie ihre Stoffproduktion betreiben können. Andererseits kann man aber auch errechnen, daß manche Flechtenpilze ihre Algen sozusagen auf Sparflamme halten und knapp vor dem Hungertod bewahren.

Flechten sind Extremisten

Von nur wenigen Ausnahmen abgesehen, sind Flechten gegenüber ihren natürlichen Umweltbedingungen selbst dann noch unglaublich widerstandsfähig, wenn an ihrem Wuchsort geradezu extreme Bedingungen herrschen. Umgekehrt lassen natürlich auch die auffallenden Verbreitungsschwerpunkte der Flechte gerade in den klimatisch extremen und sonst vegetationsarmen Gebieten der Erde ungewöhn-

Bild 28 (links). Am gleichen Standort wie *Solorina* kommt auch *Stereocaulon alpinum* vor.

Bild 29 (rechts). *Psora decipiens* (hier mit vergrößertem Thallus) gehört in die Bunte Erdflechtengesellschaft (vgl. auch Umschlagbild).

liche Toleranzen gegenüber bestimmten Umweltfaktoren erwarten. Flechten ertragen beispielsweise Trockenzeiten bis zu mehreren Jahren erstaunlich gut, wenn sie bei tieferen Temperaturen (unter etwa – 23 °C) aufbewahrt werden. Im gänzlich lufttrockenen Zustand sind viele Flechten sogar in der Lage, sowohl extrem tiefe (unter – 200 °C) als auch relativ hohe Temperaturen ohne erkennbare Schädigung zu ertragen. Am natürlichen Standort können sich Flechten sehr stark besonnter Flächen (Hauswände, Dächer, Felsen) auch bei uns in Mitteleuropa bis auf Temperaturen um 70 oder 80 °C erhitzen und dabei im Laufe eines einzigen Tages Temperaturschwankungen von mehr als 50 °C durchlaufen. Eine solche auffallend ausgeprägte Toleranz oder Resistenz gegenüber Extremtemperaturen ist jedoch nur im trockenen Zustand des Thallus gewährleistet, wenn die Flechte nämlich vorübergehend nahezu alle Lebensfunktionen einstellt und nur noch latent weiterlebt. Bei nur wenigen anderen mehrzelligen Pflanzen sind diese bemerkenswerten Eigenschaften in vergleichbarem Umfang entwickelt. Als wechselfeuchte (poikilohydre) Pflanzen können fast alle Flechtenarten ohne Beschädigung des Flechtenpilzes oder der Flechtenalge völlig austrocknen. Diese erstaunliche Fähigkeit ermöglicht es ihnen letztlich, vor allem an solchen Standorten zu wachsen, die für gleichfeuchte (homoiohydre) Pflanzen überhaupt unbewohnbar sind.

Die Rolle des Wassers

Ein geordneter Stoffwechsel ist wie alle übrigen Lebensfunktionen eines Organismus an das Vorhandensein ausreichender Mengen von Wasser gebunden. Der wichtige Umweltfaktor Wasser, der sich in einem anderen Begriffssystem auch als die Hydratur des jeweiligen Standortes angeben läßt, ist folglich für die Existenz und das Wachstum der Flechten von ausschlaggebender Bedeutung, auch wenn die-

se Pflanzen Trockenzeiten ohne Schaden überstehen können. Im Unterschied zu den meisten Landpflanzen, die mit Hilfe verschiedener Einrichtungen ihren Wassergehalt auf einem bestimmten Niveau halten, können Flechten ihren Wasserhaushalt nicht selbst regulieren. Ihr Wassergehalt folgt mit nur geringer Verzögerung immer den Veränderungen der Hydratur ihres Standorts. Trockene Flechten können das Wasser aus normalen Niederschlägen, zusätzlich aber auch aus wasserdampfgesättigter Luft bis zur Einstellung eines Gleichgewichts aufnehmen. Dieser Vorgang gleicht der (passiven) Befeuchtung eines trockenen Schwammes. Diesem Umstand verdanken die Flechten aber letztlich ihre Existenzmöglichkeiten selbst in extrem trockenen Gebieten, z. B. Wüsten, wo sie ihren Wasserbedarf nur aus dem Taufall oder der hohen Luftfeuchte während der Nachtstunden decken können. Mit der dadurch erreichten auch noch so geringen Thallusfeuchte können sie dann in den frühen Morgenstunden nach dem Ende der Dämmerung eine Zeitlang Photosynthese mit durchaus positiver Stoffbilanz betreiben. Wenn dann die Sonne aber höher steigt und sich sowohl Temperatur und Umgebungsfeuchte drastisch ändern, trocknen sie schnell wieder aus, und der gesamte Stoffwechsel ruht zwangsläufig, bis die nächste Befeuchtungsphase die Lebensprozesse erneut in Gang setzt. Die eigentlichen Grundlagen dieser merkwürdigen Trockenresistenz und auch die erstaunlich schnelle Reaktivierung aller Lebensfunktionen sind bisher noch kaum verstanden. Für die Flechten sind solche tageszeitlich sich stark verändernden Aktivitätswechsel

Bild 30 (links). *Lichina pygmaea* ist eine seewasserfeste Flechte der Gezeitenzone.

Bild 31 (rechts). In der Gezeitenzone treten weitere markante Flechtenarten auf, beispielsweise die schwarze *Verrucaria maura* und die gelbe *Caloplaca marina*.

eine völlig normale Erscheinung. Jede Krusten- oder Blattflechte an einer sonnenexponierten Mauer führt uns solche Anpassungsvorteile an Extrembedingungen äußerst erfolgreich vor.

Auf eine besondere Stoffwechselleistung der in Flechten integrierten fädigen Blaualgen müssen wir noch hinweisen. Genauso wie die entsprechenden freilebenden Formen zeigen auch die blaugrünen Zellfäden aus Flechten zwei Zelltypen, nämlich normal pigmentierte, kleinere Zellen und wesentlich größere, farblosere Zellen, die die Bezeichnung Heterocysten tragen, weil sie sich gestaltlich sehr stark von den Normalzellen unterscheiden. Sie unterscheiden sich auch in ihrem Stoffwechsel erheblich von den meisten anderen pflanzlichen Zellen, denn sie sind in der bemerkenswerten Lage, molekularen, atmosphärischen Stickstoff (N_2) zu binden und ihn in reduzierter Form außerdem für andere Organismen ohne die Fähigkeit der Stickstoffreduktion verfügbar zu machen. Diese besondere Leistung der fädigen Blaualgen führt natürlich zu einer wesentlich verbesserten Stickstoffversorgung von solchen Flechten, die mit entsprechenden Cyanophyceen ausgestattet sind. Dies ist aber nicht nur bei den sogenannten Blaualgenflechten der Fall. Auch einige Grünalgenflechten enthalten in bestimmten Thalluszonen, den sogenannten Cephalodien, einen ansehnlichen Blaualgenbestand. Die Flechte *Peltigera aphthosa* oder verschiedene *Stereocaulon*-Arten sind häufig genannte Beispiele. Die Kapazität der Flechtenalgen zur Bindung molekularen Stickstoffs ist sehr beachtlich.

Wuchsorte der Flechten

Flechten wachsen, wie unsere bisherigen Beispiele bereits zeigten, auf ganz verschiedenen Unterlagen. Die weitaus meisten Arten zeigen dabei eine recht enge Substratbindung, und nur wenige Formen wird man auf verschiedenartigen Standorten antreffen können.

41

Am auffälligsten tritt uns die Flechtenvegetation im Gebirge oder Hochgebirge entgegen, wo die anstehenden Felsen mit bunten Flechtenkrusten überzogen sind (Bild 2) oder wo von den Bäumen lange Bärte der *Usnea-, Ramalina-* oder *Alectoria*-Arten herabhängen. Auch die Stämme der Laub- oder Nadelbäume sind gerade in diesen Gegenden dicht mit Flechten bewachsen. Flechten, die generell auf pflanzlichen Substraten, beispielsweise auf Holz, Rinde, Ästen, Stämmen, Nadeln oder sogar Blättern wachsen, nennt man einheitlich epiphytisch. Ein Extrembeispiel hierfür mag eine Flechte sein, die ausschließlich die Stacheln von Kakteen besiedelt. Andere Flechten, die als Unterlage Gestein bevorzugen, nennt man unabhängig davon, ob ihr Thallus von krustiger, blattartiger oder strauchförmiger Struktur ist, epilithische oder epipetrische Formen. Bei vielen auf oder sogar im Gestein wachsenden Krustenflechten ragen oft nur noch die typischen Flechtenfruchtkörper, zumeist Perithezien, aus dem Substrat hervor, während sich die vegetativen Pilzhyphen und natürlich die Algen im Gestein selbst befinden. Solche Flechten werden als endolithische Arten zusammengefaßt. Der Lichtgenuß für die Algen gerade der endolithischen Flechten kann natürlich nur sehr gering sein, so daß wohl zu erwarten ist, daß Stoffproduktion und damit Wachstum und Vermehrung dieser Flechten ebenfalls sehr gering sind. Steinbinnenflechten sind extrem langsamwüchsig.

Natürlich gibt es auch Flechten, die direkt auf dem Erdboden wachsen. Sie werden als epigäische Formen den anderen gegenübergestellt und sind als Erstbesiedler beispielsweise auf Rohböden äußerst typisch. Die in den Alpen auf kalkarmem Untergrund recht häufige *Solorina crocea* (Bild 27) besiedelt etwa die Rohböden in den Moränenzonen der Gletschervorfelder und ist gleichzeitig eine Leitart der Schneetälchen-Vegetation. Auch die Strauchflechte *Stereocaulon alpinum* (Bild 28) kann im Hochgebirge als Pionierart einer beginnenden Vegetationsentwicklung angesehen werden. Bei der Erstbesiedlung der Vulkaninsel Surtsey, die 1963 vor der Südküste Islands entstand, spielten Flechten eine große Rolle.

Die in Mitteleuropa wohl verbreitetste epigäische Flechtengesellschaft ist die sogenannte Bunte Erdflechtengesellschaft (vgl. Umschlagbild), die vor allem auf warmen Kalkböden in enger Nachbarschaft zu den wärmeliebenden Blütenpflanzengesellschaften (Mesobrometum und Xerobrometum) vorkommt. Ihre Bezeichnung leitet sich von der bei näherem Hinsehen doch recht auffälligen und markanten Färbung einiger beteiligter Flechtenarten ab, von denen wir hier als wichtigste die Arten *Psora decipiens, Fulgensia fulgens* und *Toninia coeruleonigricans* erwähnen wollen. Natürlich ist auch die Art der Unterlage, z. B. die jeweilige Baumart, der Gesteinstyp oder die Bodenbeschaffenheit, von großer Bedeutung für die Zusammensetzung der Flechtenbesiedlung. Viele Arten kommen nur auf Nadelbäumen vor, andere sind hingegen nur auf Laubhölzern anzutreffen. Gerade die zu Alleen oder auch einzeln gepflanzten Straßenbäume außerhalb der größeren Ortschaften, die

Bild 32 (rechts oben). *Caloplaca elegans* findet günstigste Lebensbedingungen im montan-alpinen Bereich, kann aber auch in der Stadt angetroffen werden.

Bild 33 (rechts unten). *Xanthoria parietina* ist eine der häufigsten und auffallendsten Flechten. In Gegenden geringer Luftverschmutzung bildet sie dichte Bestände z. B. auf Dachziegeln.

ständig einer intensiven Staubimprägnierung ausgesetzt sind, werden von besonders vielen Flechtenarten bewachsen. Für die bevorzugte Besiedlung gerade dieser Bäume spielt offenbar die Zufuhr bestimmter Nährstoffe aus dem Straßenstaub, z. B. Nitrat- oder Phosphatverbindungen, eine wichtige Rolle. Ein häufig einschränkender Faktor bei der Besiedlung irgendwelcher Substrate ist auch die pH-Reaktion der gewählten Unterlage. Saure Gesteine tragen daher in der Regel eine andere Flechtenflora als basische Gesteine, und Kalkböden unterscheiden sich in ihrem Flechtenspektrum erheblich von dem Formbestand saurer Böden. Auch klimatische Faktoren wie Niederschlagsmengen, durchschnittliche Luftfeuchte, Temperaturgang, Lichtintensität oder selbst Schneebedeckung werden oft durch ganz bestimmte Flechtenarten oder Artenkombinationen angezeigt. Die Summe dieser Faktoren und die Konkurrenzfähigkeit der Flechten entscheiden darüber, ob diese Pflanzen entweder nur aus Flechten zusammengesetzte Vegetationseinheiten (Flechtengesellschaften) bilden oder ob sie auch in andere Pflanzengesellschaften eindringen und dort als vollwertige Glieder integriert werden können. Von dieser Warte wird verständlich, daß beispielsweise auf dem Boden in natürlichen Nadelholzbeständen fast immer

Bild 34. *Xanthoria aureola*, eine nahverwandte Art, bildet ebenfalls dichte Überzüge auf Mauerwerk.

Flechten der Gattung *Cladonia* zu erwarten sind, weil sie aufgrund ihrer ökologischen Ansprüche ganz einfach in diesen Vegetationsverband gehören.

Bislang wurden vor allem die Flechten trockener oder extrem trockener Standorte stärker berücksichtigt. Insgesamt sind dies auch sicher die von den Flechten besonders bevorzugten Stellen, weil kaum eine andere Pflanzengruppe konkurrenzkräftige Vertreter für derartig ausgefallene Biotope enthält. Dennoch sollte aber nicht unerwähnt bleiben, daß einige Flechtenarten auch den umgekehrten Weg der Spezialanpassung gegangen sind und teilweise zu fast echten Wasserpflanzen geworden sind. Dies fällt besonders bei der Betrachtung der Gezeitenzone an unseren Meeresküsten auf, wo durch den ständigen Tidenrhythmus ohnehin besondere Lebensbedingungen geschaffen werden. Am Atlantik kommen zum Beispiel die schwarze *Verrucaria maura* (Bild 31) und die beiden Arten *Lichina pygmaea* (Bild 30) und *Lichina confinis* unmittelbar in der Gezeitenzone vor, die täglich von der heranrollenden Flut erreicht wird. Eine andere *Verrucaria*-Art (*V. mucosa*) lebt sogar dauernd untergetaucht. Andererseits gibt es aber auch ausgesprochene Süßwasserflechten, die entweder überrieselungsfest sind und dann in Quellfluren vorkommen oder direkt den Uferbereich von Bächen und kleineren Flüssen besiedeln (*Dermatocarpon fluviatilis*). Solche Sonderanpassungen stellen aber eher eine Ausnahme dar.

Die starke Konkurrenz

Die Verbreitung der interessanten Flechten in unterschiedlichen Vegetationseinheiten und -verbänden kann über den sogenannten Flechtenkoeffizienten auch zah-
lenmäßig erfaßt werden. Unter dieser Zahl versteht man das Artenzahlenverhältnis
der in einem Gebiet insgesamt vorkommenden Flechten zu den jeweils heimischen
Gefäßpflanzen. Der Flechtenkoeffizient steigt sowohl horizontal mit zunehmender
geographischer Breite als auch vertikal mit zunehmender Seehöhe in den Gebirgen
an und gibt damit ein anschauliches Bild von der Konkurrenzkraft der Flechten gerade in den von Natur aus vegetationsarmen oder sogar vegetationsfeindlichen Gebieten. Er beträgt in den Tropen beispielsweise nur 0,08, in unserer gemäßigten
Zone schon 0,4, in der Subarktis bereits 1 und steigt dann nördlich dieses Raums
(bzw. auch in den entsprechenden Höhenstufen der Gebirge) auf Werte zwischen 5
und 100 an. In diesen Lebensräumen wird der einzigartige Pioniercharakter der
Flechten ganz besonders deutlich.

Bild 35. *Acarospora oxytona* kann in den Bergen als Indikator für Windrichtungen und Feuchtever-
hältnisse benutzt werden.

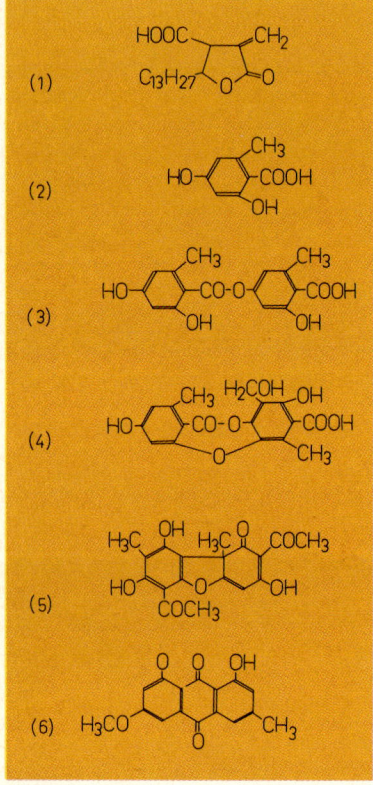

Bild 36. Formelbilder einiger Flechtenstoffe: (1) Protolichesterinsäure, (2) Orsellinsäure, (3) Lecanorsäure, (4) Protocetrarsäure, (5) Usninsäure, (6) Parietin.

Typische Flechtenstoffe

Bei den höheren Pflanzen kommen bestimmte Substanzen vor, die mit dem eigentlichen Energiestoffwechsel nicht mehr zusammenhängen und daher als „sekundäre Pflanzenstoffe" zusammengefaßt werden. Vielfach haben sie große praktische Bedeutung (Glykoside, Alkaloide), oft sind sie aber auch nur für die Naturstoffchemiker interessant. In gleicher Weise enthalten auch die Flechten besondere Substanzen, die nur für diese Pflanzengruppe typisch sind. Diese Stoffe, meist mit Säurecharakter („Flechtensäuren"), werden oft nach den Flechtenarten oder -gattungen, in denen sie gehäuft vorkommen, benannt. Grundsätzlich werden alle der sehr zahlreichen Einzelverbindungen im Flechtenpilz gebildet und in oder auf den Pilzhyphen abgelagert.

Im einfacheren Fall bestehen diese Flechtenstoffe aus relativ langkettigen, aliphatischen Säuren. Beispiele hierfür sind etwa die weitverbreitete Protolichesterinsäure, daneben aber auch Roccellsäure oder Rangiferinsäure. Solche langkettigen Gebilde können aber auch zu aromatischen Ringen geschlossen werden: die Orsellinsäure ist das Ergebnis dieser Möglichkeit. Wenn mehrere solcher Einfachringverbindungen durch Veresterung aneinandergekettet werden, entsteht die für Flechten ungemein charakteristische Stoffgruppe der Depside, deren einfachste Verbindung die Lecanorsäure ist. Wird dabei zwischen den einzelnen aromatischen Ringen noch eine zusätzliche Sauerstoffbrücke ausgebildet, entstehen Depsidone. Zu dieser Stoffgruppe gehört die in vielen Flechten auftretende Protocetrarsäure oder die Alectoronsäure der Parmeliaceen. Von den zahlreichen weiteren Flechtenstoffen wollen wir hier nur auf die wichtigen Anthrachinone hinweisen, die oft für die Färbung der Flechtenthalli verantwortlich sind. Das Anthrachinon Parietin gibt der bekannten Flechte

Xanthoria parietina (Bild 33) zum Beispiel ihre leuchtend gelbrote Färbung. Diese Art und *Xanthoria aureola* (Bild 34) bilden oft dichte Bestände auf Dächern, Mauerwerk oder Fels.

Sehr viele Flechtensäuren ergeben mit einigen einfachen Reagenzien deutliche Farbreaktionen, die für die Artbestimmung oft gerne hinzugezogen werden und die betreffenden Verbindungen auf einfache Weise nachweisen lassen. Hierfür kommen Kalilauge (KOH, konzentrierte, 5 – 25% wäßrige Lösung, abgekürzt K) oder Calciumhypochlorit ($Ca(OCl)_2$, nur frische, gesättigte Lösung, abgekürzt C) in Frage. Von der Verwendung des häufig auch empfohlenen p-Phenylendiamin wollen wir wegen der gefährlichen Giftigkeit dieser Verbindung ausdrücklich abraten. Calciumhypochlorit-Lösung ergibt mit den Flechtensäuren immer dann eine rosa bis rote Färbung, wenn die aromatischen Ringe phenolische OH-Gruppen in bestimmter Anordnung (meta-Stellung) tragen. Dies ist, wie unser Formelbild zeigt, bei der wichtigen Lecanorsäure der Fall. Kalilauge reagiert mit den Anthrachinonen zu tiefroten bis violetten Farbtönen, während sehr viele Depside und Depsidone gelbe bis hellrote Farben bilden. In einigen Fällen lassen sich die Flechtenstoffe auch ohne Chemikalien allein anhand ihrer intensiven Fluoreszenz in langwelligem UV-Licht (350 nm) nachweisen. Hierbei leuchten nicht nur die gefärbten Flechtensäuren, sondern auch ein Teil der Depside und Depsidone gelbweiß oder blauweiß auf, wenn man die Flechtenthalli im abgedunkelten Raum unter einer UV-Lampe (Höhensonne) betrachtet. Viele Flechtenarten, die im Tageslicht nur blaßgrau gefärbt sind, nehmen im UV-Licht ein überraschend kontrastreiches, farbiges Aussehen an.

Für die Untersuchung der Flechtenstoffe kann man neben den einfachen C-, K-

Tabelle 4. Nachweisbarkeit einiger Flechtensäuren im Schnelltest

K +	(gelbrot)	Protocetrarsäure, Alectorialsäure, Thamnolsäure, Physodalsäure
K + C +	(gelbrot) (rot)	Ramalinolsäure, Paludosasäure, Hiascinsäure
K – C +	 (rot)	Lecanorsäure, Gyrophorsäure, Olivetarsäure
K – C +	 (grün)	Pannarsäure, Porphyrolsäure
K –, C – KC +	 (rot)	Alectoronsäure, Lobarsäure, Physodsäure

und KC-Schnelltests auch noch einige weiterführende Verfahren einsetzen, die selbst in den vielleicht etwas bescheideneren Hobbylabors durchzuführen sind. Hierfür bietet sich beispielsweise die Dünnschichtchromatographie an. Da die entsprechenden Trägermaterialien neuerdings auch als Aluminiumkarten im Handel und leicht beschaffbar sind, kann man nahezu beliebig herumexperimentieren, um Flechtenstoffe darzustellen oder nachzuweisen. Normalerweise werden Acetonextrakte, an Kieselgel-Schichten in Benzin-Dioxan-Eisessig = 90 : 15 : 4 getrennt und nach dem Trocknen der Platte mit 10%iger Schwefelsäure durch fünfminütiges Erhitzen auf 110 °C sichtbar gemacht, recht brauchbare Ergebnisse liefern. Selbst wenn die Einzelverbindungen nicht genau angesprochen werden können, läßt sich doch mit Hilfe dieses vereinfachten Verfahrens feststellen, wie viele Sekundärstoffe in einer Art vorkommen oder ob sich etwa verschiedene Proben der gleichen Art von unterschiedlichen Herkünften in ihrem Inhaltsstoffmuster unterscheiden lassen.

Flechten als Nutzpflanzen

Die Erfordernisse des täglichen Lebens haben Menschen zu allen Zeiten nach den verschiedensten Materialien ihrer jeweiligen Umgebung suchen lassen, die für irgendeinen praktischen Verwendungszweck geeignet erscheinen. In Gegenden, wo anderes Pflanzenmaterial kaum und Flechten dafür um so reichlicher in der Vegetation zur Verfügung standen, machte man natürlich auch vor diesen Organismen nicht halt. Daher haben einige Flechtenarten durchaus ihre eigene Kultur- und Verwendungsgeschichte.

Drei verschiedene Nutzungsformen lassen sich unter dem Rahmen der praktischen Flechtenverwendung unterscheiden: neben der unmittelbarsten Nutzung als Nahrungsmittel fanden allmählich auch etwas raffiniertere Verwendungen großes Interesse, und dafür spricht die bis in unsere Tage hinein fortdauernde Gewinnung von Farbstoffen aus Flechten oder sogar die Zubereitung bestimmter Arzneispezialitäten aus einzelnen Flechtenarten.

Nahrungsmittel

Bei der Betrachtung der Flechten als Nahrungsmittel steht die Nutzung als tierische Nahrung im Vordergrund. Eine direkte Flechtenernte für den menschlichen Konsum ist dagegen (heute) nur noch von untergeordneter Bedeutung.

In Nordskandinavien und den entsprechend polnahen Gebieten der Sowjetunion

Sklavinnen beim Reinigen von Orseille.

Bild 37. Flechten als Nutzpflanzen. Aus der im 19. Jahrhundert weitverbreiteten Zeitschrift „Die Gartenlaube".

oder Kanadas sind die bestandsbildenden Arten aus der Gattung *Cladonia* (vor allen *Cl. rangiferina, Cl. mitis* (Bild 15), *Cl. sylvatica*) neben dem sogenannten Islandmoos (*Cetraria islandica,* Bild 13) die wichtigste pflanzliche Nahrung für die großen Herden halbdomestizierter Rentiere sowie der Caribous der Neuen Welt. Intensive Beweidung während der Sommermonate läßt selbst für die vegetationsfeindlichen Wintermonate immer noch genügend Reserven zurück. Während dieser Zeit sind die Flechten tatsächlich die einzige Nahrung der großen Wiederkäuer. Somit erscheint es wirklich nicht übertrieben, im Vorkommen und der Nutzung der unter dem Namen „Rentierflechten" geradezu bekannt gewordenen Flechtenarten in den polnahen Gebieten der Nordhemisphäre indirekt auch die wichtigste Grundlage der mit den Rentierherden umherziehenden Menschen zu sehen.
In den gleichen Gebieten, Nordskandinavien und Island, werden Flechten heute noch als Futterpflanzen auch für andere Haustiere eingesetzt. Vor der Verfütterung müssen allerdings die typischen Bitterstoffe vieler Flechten (vor allem die Bestandteile Fumarprotocetrarsäure und Usninsäure), die selbst den sonst genügsamen Ziegen und Schafen unangenehm oder unverträglich sind, durch eine einfache Extrak-

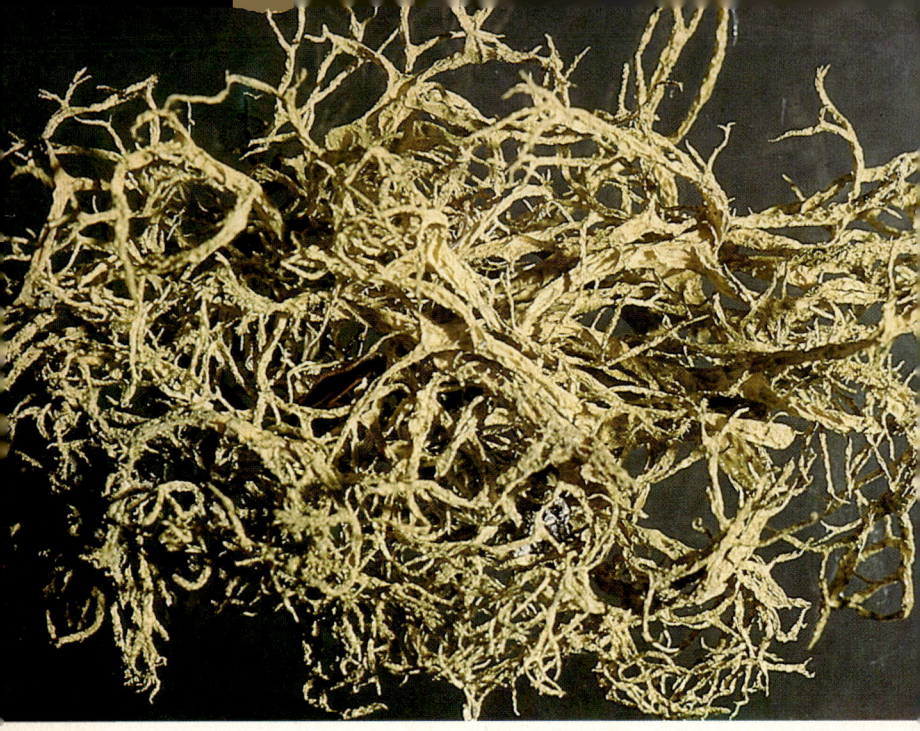

Bild 38. *Letharia vulpina* ist eine der wenigen giftigen Flechten.

tion aus dem zerkleinerten Pflanzenmaterial entfernt werden. Hierfür eignet sich beispielsweise eine Behandlung von *Cladonia rangiferina* und *Cetraria islandica* mit einer Sodalösung, die die Flechtensäuren als Natriumsalze aus dem Thallus herauslöst. Nach einer solchen alkalischen Extraktion sind die Flechten zwar immer noch nicht völlig bitterstofffrei, als Zusatzfutter für einige Haustiere jedoch eher verwendbar als frisch eingetragene Flechten.

Auf der kleinen Insel Tavolara, die vor der Ostküste Sardiniens in der Bucht von Olbia liegt, dient die auf Felsen und Steinen üppig entfaltete Flechte *Xanthoria aureola* (Bild 34) den dort lebenden halbwilden Ziegen als willkommene Zusatznahrung. Beim Verzehr dieser Flechte, die durch einen Farbstoff aus der Stoffgruppe der Anthrachinone lebhaft orange-braun gefärbt ist, verfärbt sich unwillkürlich der Zahnschmelz der Ziegen, die deshalb (von wem eigentlich?) den hübschen Beinamen „Ziegen mit den goldenen Zähnen" erhalten haben.

Auch aus Nordafrika, zum Beispiel aus der Libyschen Wüste, wird berichtet, daß besonders Schafe bestimmte Flechten der Gegend als Zusatznahrung gerne aufnehmen.

Als direktes Nahrungsmittel für den Menschen spielen Flechten heute praktisch keine Rolle mehr. Dies war in früherer Zeit durchaus einmal anders. Besonders in Dür-

Bild 39. Für Dekorationszwecke wird häufig die Rentierflechte *Cladonia alpestris* verwendet.

rezeiten oder anderen Notjahren war es in nordeuropäischen und alpinen Regionen mit ihrem reichen Flechtenbestand selbst in unserem Jahrhundert noch üblich, mit Sodalösung vorbehandelte Flechten zu vermahlen und zu Anteilen bis 50% dem Roggenmehl zum Brotbacken beizumischen. Solches Brot, das teilweise aus Flechtenmehl hergestellt wird, erwies sich als außerordentlich lagerungsfähig, da die natürlich nicht vollständig extrahierten Flechtensäuren aufgrund ihrer antibiotischen Wirksamkeit das Wachstum unerwünschter Schimmelpilze verhinderten und damit ein allzu rasches Verderben des Brotes ausblieb. Dieser Effekt war auch für ähnlich hergestellten Schiffszwieback, den man auf längere Seereisen mitzunehmen gedachte, durchaus von großer Bedeutung. Für diese Zwecke wurden überwiegend die Arten *Cladonia rangiferina, Cl. alpestris, Cetraria islandica* und *Umbilicaria pustulata,* die Nabelflechte, gesammelt und verwendet.

Die auf der Krim, in der Kirgisensteppe, in Persien, Kleinasien und auch in Nordafrika verbreitete Flechte *Lecanora esculenta* hat die Eigenart, sich beim Austrocknen sehr leicht vom felsigen Substrat abzulösen. Diese Flechte ist ohne jede Vorbehandlung für den menschlichen Genuß sofort zu verwenden und wurde früher von den Tataren regelmäßig gesammelt, um zur Herstellung eines „Erdbrotes" verwendet zu werden. Und selbst heute dient die Art in vielen Wüstengebieten noch zumindest

51

als Viehfutter. Ihre von der Unterlage gelösten Thalli werden bei stärkerem Wind in großen Mengen selbst über weite Entfernungen verfrachtet. Diese Eigenart der überdies auch noch süß schmeckenden Flechte hat viele Beobachter veranlaßt, *Lecanora esculenta* als das im Buch Exodus nicht näher charakterisierte biblische Manna zu bezeichnen. Ob diese Deutung wirklich zutrifft oder ob andere Materialien das Manna des Alten Testaments lieferten, ist heute mit Sicherheit kaum noch zu beurteilen. Jedenfalls hat sich für *Lecanora esculenta* der deutsche Name „Manna-Flechte" eingebürgert.

Die ostasiatische Küche ist für ihre Experimentierfreudigkeit und das ungewöhnliche, reichhaltige Repertoire ihrer Zutaten bekannt. Folglich verwundert es kaum, daß in Japan die blattartige, epilithische Flechte *Umbilicaria esculenta* (japanisch: Iwatake = Felsenpilz) gesammelt und als Delikatesse gehandelt wird. Sie findet in Suppen oder Salaten und selbst in gebratener Zubereitung vielfach Verwendung. Diesem Geschmacksbild haben wir in der mitteleuropäischen Kochliteratur nichts Gleichwertiges entgegenzusetzen.

Bis in unsere Zeit hat sich auch die Verwendung von Flechten zur Alkoholherstellung erhalten. Durch die Behandlung von Thallusmaterial mit heißer, verdünnter Schwefelsäure werden die Polysaccharide der Flechten, vor allem die entsprechenden Polymere der Glucose, in einzelne Glucoseeinheiten zerlegt. Nach Neutralisation mit Sodalösung oder Kalkbrühe kann die entstandene Traubenzuckerlösung als Gärsubstrat für Hefepilze genommen werden, die zur Alkoholbildung befähigt sind und der Lösung einfach zugesetzt werden. Eine solche Methode der Alkoholgewinnung lohnt sich eigentlich nur in Gebieten, in denen verwendbare Strauchflechten großräumige Flächen bedecken, wie dies im wesentlichen in Nordeuropa der Fall ist.

Aus historischen Gründen erwähnenswert erscheint hier auch die bis ins letzte Jahrhundert hinein belegte Verwendung der Lungenflechte *Lobaria pulmonaria* bei der Bierbereitung. Die in dieser Flechte vorhandenen Sekundärstoffe dienten dabei als Hopfenersatz zur Bitterung und Haltbarmachung der „bierähnlichen" Getränke, die in dieser Weise zum Beispiel in sibirischen orthodoxen Klöstern gebraut wurden.

Farbstofflieferanten

Die Gewinnung von Farbstoffen besonders aus Flechten der Gattungen *Lecanora*, *Pertusaria* und *Roccella* (Bild 16) hat eine lange Tradition, die bis ins Altertum zurückreicht. Im Mittelmeerraum, später auch an der französischen Atlantikküste, in Südengland und Schottland, schließlich auch in Ostafrika und auf den Kanarischen Inseln, wurden diese Flechten in großen Mengen gesammelt (Bild 37). Teils

Bild 40 (rechts). *Evernia prunastri* und

Bild 41 (unten). *Pseudevernia furfuracea* liefern Duftstoffe für die Parfümherstellung

wurden sogar die Flechtenvorkommen des Binnenlandes genutzt: Um 1830 begann man zunächst die Flechte *Pertusaria corallina* in der Rhön zu sammeln. In den Folgejahren entstanden fast überall in den deutschen Basaltgebieten kleinere Farbfabriken, die das Material verarbeiteten.

Die zu Färbezwecken verwendeten Flechtenfarben sind in den Thalli nicht nativ vorhanden, sondern entstehen erst nach z. T. recht umständlicher Vorbehandlung des Pflanzenmaterials. Deshalb sind es im eigentlichen Sinne auch keine Naturfarbstoffe, sondern die Umwandlungsprodukte von Vorstufen, die in den Flechten als Flechtensäuren (vgl. Sekundärstoffabschnitt) natürlich vorkommen. Anfangs versetzte man das zerkleinerte Flechtenmaterial einfach mit Urin, der bei der Haustierhaltung in den entsprechenden Gegenden in Mengen anfiel, und mit einfachem, ungelöschtem Kalk. Wenn man diese Mischung der spontanen Gärung überließ, konnten *Nitrosomonas*-Bakterien aus dem Harnstoff Ammoniumcarbonat freisetzen, das aus den Flechtenstoffen zum Beispiel Orcin abspalten kann, das sich unter ausreichender Sauerstoffversorgung sehr leicht in das violette Orcein umwandelt. Dieser Farbstoff spielt noch heute in der mikroskopischen Färbetechnik eine nicht unbedeutende Rolle. Die Darstellungsverfahren wurden später verbessert, indem man die Färbeflechten gleich mit Ammoniak, Pottasche, Kalk und Gips behandelte. Die gewonnenen Farbmassen wurden unter der Bezeichnung Orseillekarmin oder Orseilleviolett bis ins vorige Jahrhundert zum Färben von Wolle und vor allem von Seide benutzt. Färbetechnisch weist Orseille, für den auch noch die Bezeichnungen Archil, Orchil, Cudbear, Persio oder französischer Purpur üblich waren, ausgezeichnete Qualitäten auf, doch sind die Farben bedauerlicherweise nicht sehr lange lichtecht. Chemisch handelt es sich dabei vor allem um Abkömmlinge der Erythrinsäure, Lecanorsäure und Gyrophorsäure. Heute wird nur in England der „Harris Tweed" mit solchen Flechtenfarben gefärbt. Bekannter noch als Orseille wird der auf sehr ähnliche Weise gewonnene Lackmus-Farbstoff sein, der bis heute noch als pH-Indikator zum Protonennachweis Verwendung findet. Einen gelben Farbstoff stellte man auch aus der Fuchsflechte *Letharia vulpina* her, doch wurde gerade diese Flechte häufiger als Giftköder eingesetzt, da die in ihr enthaltene Vulpinsäure besonders für fleischfressende Tiere sehr giftig ist.

Flechten in der Medizin

In früherer Zeit spielten die Flechten eine verhältnismäßig bedeutende Rolle für die Herstellung oder Zubereitung von Arzneimitteln, wie mehreren mittelalterlichen Kräuterbüchern zu entnehmen ist. Viele der medizingeschichtlich und volksbotanisch interessanten Anwendungen gerieten allerdings ziemlich bald wieder in Vergessenheit. Bis in unsere Zeit ist die Verwendung der Islandflechte (*Cetraria islandica*) und der Lungenflechte (*Lobaria pulmonaria*) bei Halsentzündungen oder sogar bei Lungenerkrankungen üblich. In den älteren Ausgaben des Deutschen Arzneibuches (bis DAB 6) wurden beide Arten als Drogen noch aufgeführt, während das DAB 7 oder das neue Europäische Arzneibuch (EUPH 1) Flechten nicht mehr angeben. Dennoch werden Flechten oder Flechtenstoffe immer noch für einige wenige Arzneispezialitäten verwendet, wobei an Teemischungen oder Lutschpastillen zu denken ist. Lebhaftes Interesse brachte man den Flechten aber wieder entgegen, als

Bild 42. *Lepraria chlorina* ist eine häufige Staubflechte auf Rinden oder Gestein.

kurz vor dem Zweiten Weltkrieg entdeckt wurde, daß verschiedene Flechten gegenüber Bakterien und Pilzen eine sehr starke und spezifische antibiotische Wirkung
entfalten. Die Testserien, die zunächst mit zerkleinertem Thallusmaterial begonnen
und dann auf die reinen Flechtenstoffe ausgedehnt wurden, zeigen, daß diese Wirkung insbesondere den Flechtensäuren zukommt, die wir bei den sekundären Stoff-
wechselprodukten der Flechten (S. 46) bereits kennengelernt haben. Neben der
Thamnolsäure oder der häufigen Protolichesterinsäure ist vor allem die Usninsäure
als sehr wirksames Antibiotikum bekannt. Man gewinnt den Wirkstoff beispielsweise aus der in den Tundren Nordeuropas massenhaft vorkommenden Flechte
Cladonia stellaris. Das Präparat kommt meist als Puder („Usno" aus Finnland) oder
in Salbenform („Usniplant") in den Handel.

Kennen Sie Flechtenparfüm?

Es ist immerhin erstaunlich, in welch unterschiedlichen Bereichen des täglichen
Lebens Pflanzen oder Pflanzenteile zu bestimmten Zwecken eingesetzt oder genutzt

Bild 43. Eine der wenigen bekannten Blaualgen-Krustenflechten ist *Placynthium nigrum*.

werden. Noch erstaunlicher mag es aber sein, daß unter diesen Nutzpflanzen im weitesten Sinne auch immer entsprechende Flechtenarten Verwendung finden. So darf in der großen Palette der Flechtennutzung ihre Erwähnung als Duftstofflieferanten nicht fehlen. Mit dem Gedanken an Lavendel, Jasmin oder anderen erlesenen Blütenölen wird man wohl kaum für möglich halten, daß auch die unscheinbaren Flechten in dieser Hinsicht ihre besonderen Vorzüge aufweisen können. Bereits im Ägypten der alten Pharaonen verwendete man die Flechte *Evernia prunastri* (Bild 40) bei der Einbalsamierung der Mumien. Die gleiche Flechtenart diente bis ins 17. Jahrhundert in pulverisierter Form als wohlriechendes Pulver. Eine besonders lange Tradition hat auch die Verwendung in der Feinparfümerie. Dazu wird *Evernia prunastri* vor allem im südlichen Europa (Südfrankreich, Italien, Jugoslawien) und in Nordafrika (Marokko, Algerien) gesammelt und unter der Bezeichnung „Mousse de chêne" oder „Mousse odorante" in den Handel gebracht. Neben der bevorzugt auf Eichenrinde wachsenden *Evernia* wird auch ihre nahe Verwandte *Pseudevernia furfuracea,* die häufig Fichten- oder Kiefernrinde als Unterlage wählt, als „Baummoos" (= Mousse des arbres) gesammelt. Beide Flechten werden nach dem Trocknen, Säubern und Wiederbefeuchten mit Methanol, Petroläther, Benzol oder Äthanol extrahiert und liefern einen grün bis schwarzbraun gefärbten Auszug

Bild 44. *Ochrolechia parella* ist überall im mediterran-atlantischen Bereich anzutreffen.

mit dem charakteristischen Geruch der Flechten, der von Spezialisten mit den Bezeichnungen herb, krautig, moosartig etc. umschrieben wird. Die Extrakte können leicht in die sogenannten essences absolues überführt werden und dienen dann nicht nur in der Seifenindustrie zur Duftabstimmung, wobei man besonders die gut fixierende Wirkung gerade des Flechtenaromas schätzt, sondern eignen sich nach zusätzlicher Entfärbung auch zum Einsatz in Parfümölen. Parfüms der feinherberen Duftrichtung mit der Note „Fougère" oder „Chypre" sind bekannte und typische Beispiele für Kosmetika auf Flechtenbasis. Auch viele sogenannte Herrenserien enthalten als wichtige Bestandteile ihrer Duftkomposition Extrakte aus Flechten der Gattungen *Evernia* und *Pseudevernia*.

Unter den typischen Inhaltsstoffen, die für die besondere Duftnote letztlich verantwortlich sind, finden wir wieder eine Reihe spezifischer Flechtensäuren, zum Beispiel Evernsäure, Furfuracinsäure und andere, leicht spaltbare Depside. Außerdem sind aber auch noch andere chemische Verbindungen wie Borneol, Thujon, Vanillin oder Orcinmonomethylester von Bedeutung.

Vergleichsweise wenige Flechtenarten werden zu Schmuck- und Dekorationszwecken gesammelt. Besonders in den Wintermonaten werden von Gärtnereien und Kranzbindereien die Thalli der nordischen Flechtenarten *Cladonia stellaris* und

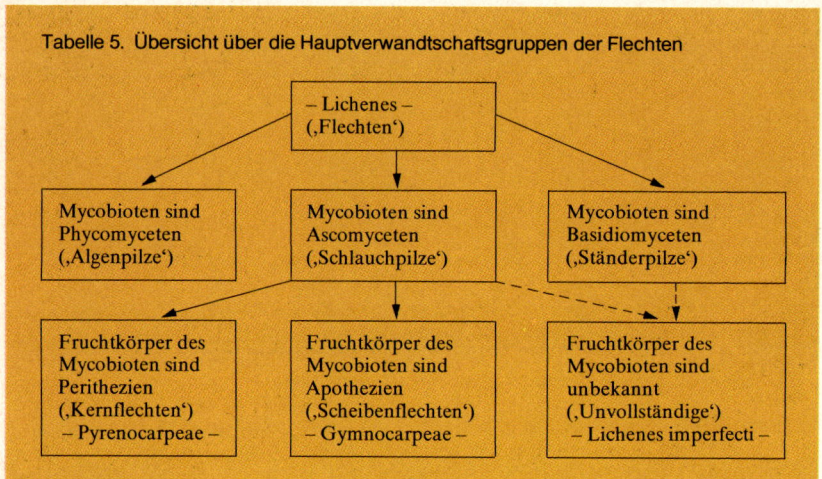

Tabelle 5. Übersicht über die Hauptverwandtschaftsgruppen der Flechten

– Lichenes – ('Flechten')		
Mycobioten sind Phycomyceten ('Algenpilze')	Mycobioten sind Ascomyceten ('Schlauchpilze')	Mycobioten sind Basidiomyceten ('Ständerpilze')
Fruchtkörper des Mycobioten sind Perithezien ('Kernflechten') – Pyrenocarpeae –	Fruchtkörper des Mycobioten sind Apothezien ('Scheibenflechten') – Gymnocarpeae –	Fruchtkörper des Mycobioten sind unbekannt ('Unvollständige') – Lichenes imperfecti –

Cladonia alpestris vielfach für Bindearbeiten verwendet. Auch bei der Herstellung von Architekturmodellen nimmt man bevorzugt die *Cladonia*-Lager für Baum- und Strauchattrappen.

Flechtensystematik

Eingangs erwähnten wir, daß man die Flechten üblicherweise als eigene Abteilung – Lichenes oder Lichenophyta – auffaßt und dem Pflanzenreich einordnet. Man kann sich überlegen, ob diese Einteilung sinnvoll oder gerechtfertigt ist und wird für diese Begründung der üblicherweise vorgenommenen Zuordnung und Benennung sicher die gestaltliche und biologische Eigenart der Flechten anführen, die in den meisten Fällen wohl auch das Ergebnis einer langen gegenseitigen Entwicklung (Evolution) darstellen. Dennoch sollte aber auch folgender Gesichtspunkt bedacht werden: die Gesamtheit der auf Pflanzen parasitierenden Pilze (alle phytopathogenen Arten) kann man von ihrer Lebensweise her als ernährungsphysiologisch spezialisierte Ar-

Bild 45 (rechts oben). *Parmelia sulcata,* eine häufigere Laubflechte auf Baumrinde.
Bild 46 (rechts unten). *Nephroma resupinatum* trägt ihre Apothezien eigenartigerweise auf der Lager-unterseite.

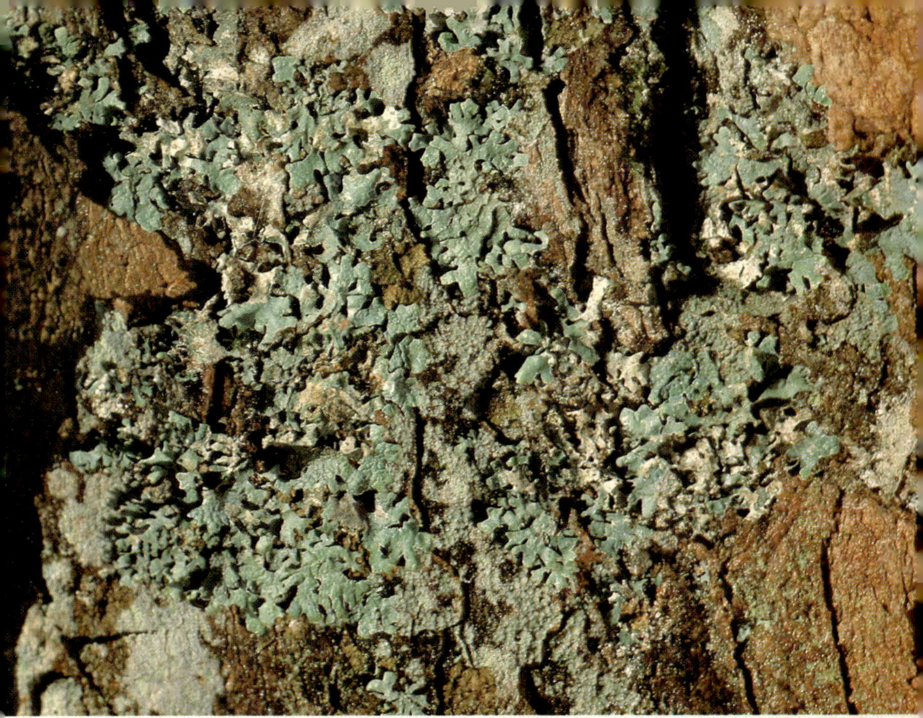

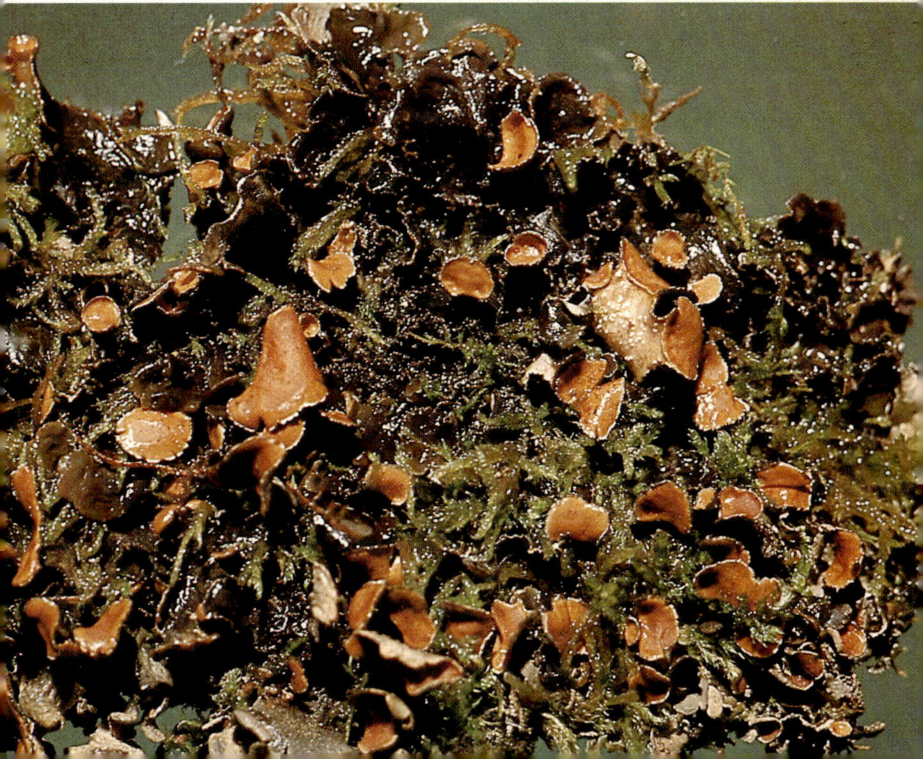

Bild 47. *Cladonia pyxidata* ist ein Vertreter aus der schwierigen Gruppe der Becherflechten.

tengruppe auffassen, und dies findet ja auch in der Systematik der Pilze seinen Niederschlag. Das gleiche gilt aber auch für die Flechtenpilze, die sich in ihrer Ernährung auf das Zusammenleben mit den Algen spezialisiert haben, in der Flechtensymbiose aber immer noch die häufig dominierenden Partner (Vermehrung, Fruchtformen!) darstellen. Folglich erschiene es sicher ebenso gerechtfertigt, die Flechtenpilze zusammen mit den pflanzenparasitierenden Pilzen der bereits bestehenden Abteilung Mycophyta einzuverleiben, wobei eigene, nur Flechtenpilze enthaltende Ordnungen und Familien den Besonderheiten der „Lichenes" sicher ausreichend Rechnung tragen können. Weitere Probleme zur Systematik der Flechten, beispielsweise die Frage, wie „natürlich" das gegenwärtige System der Flechtensippen eigentlich ist, können wir hier aus Raumgründen nicht weiter ansprechen.

Suchen, Sammeln und Präparieren

Besonders in den Ballungsgebieten städtischer Siedlungen und im weiteren Umkreis industrieller Anlagen sind zahlreiche Flechtenarten bereits merklich zurückgegangen oder völlig verschwunden. Um solche Gebiete nicht noch weiter zu verarmen

Bild 48. Auf sauren Böden, z. B. im Nadelwald, trifft man auf Bestände von *Cladonia cornuta*.

oder einzelne Flechtenarten überhaupt auszurotten, sollte man sich beim Sammeln von Flechtenthalli einige Zurückhaltung auferlegen, wo es nach Lage der Dinge geboten erscheint. Dies gilt insbesondere für die am Schluß aufgeführten Arten, für die bedauerlicherweise bereits eine „Rote Liste gefährdeter Flechtenarten" zusammengestellt werden mußte. Eine ganze Reihe sehr hübscher und bekannter Flechten gehört in diese Gruppe unbedingt schutzwürdiger Arten.

In großräumig naturbelassenen oder naturnahen Gebieten wie beispielsweise in vielen Gegenden der Alpen oder im nördlichen Skandinavien, teilweise sicher auch noch im Mittelmeergebiet, können sich naturkundlich oder lichenologisch interessierte Sammler ohne große Bedenken ein Herbar anlegen, das etwa verschiedene Wuchsformen wichtiger Gattungen, die Arten eines bestimmten Biotops oder auch gut erkennbare Flechtengattungen und -arten umfassen kann. Bedenken Sie dabei aber, daß ein Flechtenherbar beängstigend schnell „umfangreich" wird, weil man die größeren Flechten selbstverständlich nicht beliebig abflachen oder zerkleinern kann, ohne gleichzeitig ihre natürliche Form zu entstellen.

Am besten geht man so vor, daß alle größeren Strauch-, Blatt- und Bartflechten im frischen, noch feuchten Zustand unter nur mäßigem Druck (!) zwischen Löschpapier oder auch Zeitungen getrocknet und anschließend auf Bögen, zum Beispiel auf entsprechend zugeschnittenen Kartons, aufgeklebt werden. Bei den Blattflechten ist dabei besonders darauf zu achten, daß sowohl Ober- wie auch Unterseite des Thallus zugänglich und sichtbar bleiben, da beide Ansichten in den meisten Fällen durchaus verschieden sind und auch jeweils wichtige Bestimmungsmerkmale liefern.

Kleinere Strauchflechten und alle Krustenflechten sammelt man am besten zusammen mit ihrer typischen Unterlage – entweder also mit der Rinde, dem Gestein oder der Erde, auf der sie wachsen. Epigäische (= Erd-)Flechten erfordern eine kleine Spezialbehandlung, bevor sie in das Flechten-Herbar kommen: Um das mit Gewißheit eintretende Zerfallen der Proben zu verhindern, taucht man die Probe zuvor in flüssiges Paraffin, jedoch ohne die Flechte selbst in das Tauchbad einzubeziehen. Für das Sammeln der Rindenflechten reicht in der Regel das Ablösen der oberen Rindenschicht mit einem scharfen Messer. Um zusammenhängende und schöne Stücke von Krustenflechten auf ihrer charakteristischen Gesteinsunterlage zu erhalten, wird die Verwendung von Hammer und Meißel (auch hier gilt: mente et malleo!) meist nicht zu umgehen sein. Die auf unverfänglicherem Weg gewonnenen und teilweise recht schwergewichtigen Proben werden am besten in besonderen Sammelschachteln oder in Umschlägen aus Packpapier aufbewahrt. Die Beschriftung aller Herbarstücke muß, wie üblich, unbedingt die folgenden Angaben enthalten (Beispiel):

Artname:	*Cladonia convoluta*
Fundort:	Thüngersheimer Höhfeldplatte/Unterfranken
Datum:	22. 1. 78
Sammler:	N. N.
Bestimmt von:	X. Y.

Gegenüber sonstigen Pflanzensammlungen besteht der Wert eines Flechtenherbars nicht nur in der Ästhetik der versammelten Arten oder in der Vollständigkeit der erfaßten Verwandtschaftsgruppen, sondern ganz sicher auch darin, daß man immer wieder eine Probe des getrockneten Thallusmaterials nehmen, in Wasser befeuchten und nach kurzer Zeit wie Frischmaterial untersuchen kann. Für die langen Winterabende sind Flechtenproben eine unglaublich dankbare Materie.

Einige Gedanken zum Artenschutz

Industrialisierung und Verstädterung, dazu vielfach übertriebener Ausbau von Verkehrswegen und -flächen, aber auch die Intensivierung von Land- und Forstwirtschaft haben der Natur in den letzten Jahrzehnten schwerste Schäden zugefügt. Die-

Bild 49 (oben). *Lecanora radiosa*, eine kalk- und wärmeliebende Art.

Bild 50 (rechts). Die Rindenflechte *Physcia stellaris* gilt als Indikator für saubere Luft.

se vom Menschen verursachten Schädigungen machten natürlich auch vor den Flechten nicht halt. Wie bei anderen Organismengruppen sind zahlreiche Arten in ihrem Fortbestehen in unserer heimischen Flora bedroht. Einige sind bereits schon nicht mehr nachweisbar. Vor allem die intensive Forst- und Waldnutzung führte zu starken Veränderungen des Mikroklimas, das über Vorkommen und Verbreitung der Flechten letztlich entscheidet. Veränderungen in der Wasserversorgung, etwa über die durchschnittlich noch mögliche Luftfeuchtigkeit, verursachen den ständigen Rückgang gerade der auffallenderen Arten (z. B. *Lobaria pulmonaria* und andere Stictaceen oder auch verschiedene Bartflechten). Die bis heute verbreitete Unsitte, neue Forste als Monokulturen anzulegen und weite Flächen nur mit raschwüchsigen, ertragreichen Hölzern zu bestocken, die ebenso schnell wieder eingeschlagen werden können, bedeutet natürlich für viele baumbewohnende Flechtenarten mangelnde Siedlungsmöglichkeiten auf einem ausreichend lange ungestört bleibenden Substrat.

Nach den in der „Roten Liste der gefährdeten Tiere und Pflanzen in der Bundesrepublik Deutschland" von WIRTH zusammengetragenen Angaben liegt die Gesamtzahl der in Deutschland nachgewiesenen Flechtenarten bei knapp 2000. Von diesen Arten gelten aber etwa 1% bereits als ausgestorben oder verschollen, 12 – 15% akut vom Aussterben bedroht oder im Bestand stark gefährdet, und sogar 35% als gefährdet oder potentiell gefährdet. In der folgenden Artenauflistung, die wir der „Roten Liste" entnehmen, sind nur einige der auffälligeren Arten berücksichtigt. Diese Flechtenarten sollten unter keinen Umständen gesammelt oder im Wachstum gestört werden. Um so wichtiger wäre aber umgekehrt die genauere Registrierung ihrer derzeitigen Verbreitung.

Als ausgestorbene bzw. verschollene, derzeit in der Bundesrepublik Deutschland je-

Bild 51. *Hypogymnia physodes* wird heute oft als Testpflanze für Umweltbelastung und Luftverschmutzung verwendet.

denfalls nicht mehr nachweisbare Arten gelten folgenden Flechten: *Heterodermia leucomelaena, Leptogium hildenbrandii, Lobaria laetevirens, Stereocaulon paschale, Sticta limbata, Sticta wrightii, Teloschistes chrysophthalmus, Usnea articulata, Usnea longissima, Usnea rubigena,* und *Xanthoria lobulata.*

Vom Aussterben bedrohte Flechten sind gegenwärtig die Arten: *Cetraria commixta, Collema conglomeratum, Collema fluviatilis, Heterodermia obscurata, Lobaria scobriculata, Nephroma bellum, Nephroma expallidum, Nephroma helveticum, Nephroma laevigatum, Parmelia borreri, Parmelia olivacea, Peltigera venosa, Physcia clementi, Physcia constipata, Ramalina roesleri, Ramalina sinensis, Solorinella asteriscus, Sphaerophorus melanocarpus, Sticta fuliginosa, Umbilicaria leiocarpa* und *Usnea cavernosa.*

Neben diesen besonders stark gefährdeten Arten, die unserer Flechtenflora unbedingt erhalten bleiben sollten, bedürfen besonders die Einzelarten der folgenden Gattungen speziell in den Mittelgebirgen nachdrücklichen Schutzes: *Anaptychia, Dermatocarpon, Heterodermia, Lobaria, Nephroma, Pannaria, Parmeliella, Peltigera, Solorina, Sphaerophorus, Stereocaulon* und *Usnea.*

Damit haben wir unseren kurzen Streifzug durch die Biologie der Flechten beendet. Für diejenigen, die nunmehr erst recht auf den Geschmack gekommen sind und mehr von diesen eigenwilligen Pflanzen erfahren möchten, haben wir nachfolgend eine Auswahl weiterführender Spezialliteratur zusammengestellt, deren einzelne Titel wir uneingeschränkt für ein eingehenderes Studium empfehlen können.

Empfohlene Literatur

AHMADJIAN, V.: The lichen symbiosis, Waltham Mass. (Blaisdell) 1967

AHMADJIAN, V., u. M. E. HALE: The lichens. New York und London (Academic Press) 1973

BERTSCH, K.: Flechtenflora von Südwestdeutschland. Stuttgart (Ulmer) 1964

ERICHSEN, E. F. E.: Flechtenflora von Nordwestdeutschland. Stuttgart (Fischer) 1957

FOLLMANN, G.: Flechten (Lichenes). Einführung in die Kleinlebewelt. Stuttgart (Kosmos) 1968

HENSSEN, A., H. M. JAHNS: Lichenes. Eine Einführung in die Flechtenkunde. Stuttgart (Thieme) 1974

KLEMENT, O.: Prodromus der mitteleuropäischen Flechtengesellschaften. Feddes Repert., Beih. 135, 1955

POELT, J.: Bestimmungsschlüssel europäischer Flechten. Lehre (Cramer) 1969

Flechten-Hauptgruppen

Lager im feuchten Zustand gallertartig aufgequollen, Färbung meist dunkelgrün, braun oder schwarz:

I. Gallertflechten

Lager nicht stark aufquellend, gelappt, bandförmig, strauchig, horn- oder becherförmig, aufrecht wachsend oder von der Unterlage herabhängend. Oft verästelt und verzweigt:

II. Strauchflechten

Lager blattartig gestaltet, Ober- und Unterseite des Thallus unterschiedlich ausgebildet, unterseitig mit Haftfasern oder Haftscheiben am Substrat befestigt:

III. Blattflechten

Lager fest mit der jeweiligen Unterlage (Rinde, Gestein, Erde) verwachsen, fast nie ohne Zerstörung davon ablösbar:

IV. Krustenflechten

I. Gallertflechten

1   Lager unberindet, mit *Nostoc*-Blaualgen als Phycobioten, auf Baumrinden, häufiger auf Erde und Gestein, überwiegend in Kalkgebieten vorkommend.

Collema

2* Lager mit deutlich ausgebildeten Rindenzellen, blättrig bis kleinstrauchig, auch krustig ausgebildet.

Leptogium

II. Strauchflechten

Lager bartförmig von der Unterlage (Baumrinden oder Gestein) herabhängend oder abstehend, Thallusäste immer stielrund.

Bartflechten

Thallusäste immer abgeflacht, viel breiter als dick.

Bandflechten

Lager aufrecht auf der Erde, auch auf Gestein oder Holz (Baumstümpfe).

Echte Strauchflechten

Bartflechten

Zentraler Markstrang dehnbar; beim Auseinanderziehen der Thallusäste reißen nur Rinde und Algenschicht ab, der weiße Markstrang wird
sichtbar.

Usnea

Zentraler Markstrang starr; beim Auseinanderziehen der Äste zerreißt
der Faden in allen Thallusschichten; an den Verzweigungsstellen immer
abgeflacht.

Alectoria

Bandflechten

1 Flechten an Bäumen, Sträuchern oder auf Felsen
2 Oberseite und Unterseite der Thalluslappen gleichfarbig
3 Lagerlappen schwach glänzend, oben mit Soralen

Ramalina

3* Lager matt, ohne Soralen, Flechte auch im trockenen Zustand sehr
   weich, Rinde meist querrissig

Letharia divaricata

2* Oberseite und Unterseite der Thalluslappen verschieden gefärbt
4 Oberseite gelblichgrün, Unterseite weiß

Evernia prunastri

4* Oberseite graugrün, grau oder schwärzlich
5 Ränder der Thalluslappen mit langen, schwarzen Cilien (Wimpern) versehen, Lager unterseits, sehr hell, meist weißlich

Anaptychia ciliaris

5* Ränder der Thalluslappen ohne Wimpern, Oberseite grau bis schwärzlich, mit höcker- oder stiftförmigen Isidien, Unterseite an Lappenenden
   weiß bis rosabräunlich, sonst ganz schwarz

Pseudevernia furfuracea

1* Thalli lose und aufrecht auf dem Boden, Thalluslappen flach, rinnig oder deutlicher röhrig eingebogen

Cetraria

Echte Strauchflechten
1   Lagerstiele stielrund, grau, grünlichgelb oder weißlich.
2   Lagerstiele einfach oder nur sehr wenig verzweigt, stift- oder becherförmig, manchmal ein wenig sprossend, mit blättrigem oder schuppigem Vorlager am Grund der Lagerstiele

Cladonia

2* Lagerstiele reich verzweigt
3   Lagerstiele hohl, immer röhrig ausgebildet

Cladonia

3* Lagerstiele fest, mit Markgewebe ausgefüllt, außen dicht beschuppt, fast beblättert

Stereocaulon

1* Lager dunkler gefärbt, flach, mehr oder weniger stielrund; sofern das Lager hellfarbig erscheint, immer mit flachen Lagerstielen ausgestattet.
4   Lagerstiele flach und kraus verbogen bzw. rinnig eingerollt.

Cetraria

4* Lagerstiele stielrund, glänzend braun bis schwarz, Seitenäste borstig bewimpert

Cornicularia

III. Blatt- oder Laubflechten

1   Lager auffallend und kräftig gefärbt, häufig rotorange, zitronengelb oder grünlichgelb
2   Lager K $_+$ (rot), im UV-Licht mit Farbverstärkung
3   Lager relativ lose durch Haftfasern an der Unterseite befestigt, im feuchten Zustand meist gut ablösbar

Xanthoria

3* Lager deutlich gelappt, aber fest mit der Unterlage verwachsen, beim Ablösen meist zerbrechend

Caloplaca

2* Lager immer K_

4 Lagerlappen am Rande aufsteigend, Lappenränder mit zitronengelbem Staub versehen (Randsorale), fast immer auf Nadelhölzern

Cetraria pinastri

4* Lagerlappen anliegend, großlappig und ohne Randsorale

Parmelia

1* Lager weiß, grau, grün, braun oder schwärzlich

5 Lager mit zentralem Nabel an der Unterlage (Gestein) festgewachsen

6 Flechten auf Kalkgestein, mitunter mehrere cm breit, ein- oder mehrblättrig, Oberseite grau bis bräunlich, Unterseite hellbraun; Oberseite bei älteren Exemplaren mit dunklen Punkten (= Öffnungen der Perithezien)

Dermatocarpon miniatum

6* Flechten auf sauren Gesteinen

7 Lager mit zahlreichen blasigen Auftreibungen, die von der Unterseite her aufgewölbt sind; im trocknen Zustand graubraun, gelegentlich schwarz, feucht, immer schwärzlich grün

Lassallia pustulata

5* Lager durch Haftfasern auf der Unterlage befestigt oder mit der Unterlage stellenweise sogar fest verwachsen; auf Gestein, Erde oder Baumrinde

8 Fruchtkörper (Apothezien) in den (im feuchten Zustand hellgrünen) Thallus eingesenkt

Solorina

8* Fruchtkörper nicht in das Lager eingesenkt

9 Lager sehr großlappig, Lappen häufig über 1 cm breit

10 Lappen oberseits netzgrubig, unterseits braunfilzig mit weißen Stellen

Lobaria pulmonaria

10* Lagerlappen nicht netzgrubig, Farbe der Thalli grün, blaugrün oder braun, Unterseite mit hellen oder dunklen Adern, die zu einem Netz zusammenlaufen oder unterseits schwammig filzig

11 Apothezien nur auf der Lagerunterseite

Nephroma

11* Apothezien nur auf der Lageroberseite

Peltigera

 9* Lagerlappen immer weniger als 1 cm breit
12   Lagerlappen am Rande deutlich bewimpert

Physcia

12* Lagerlappen immer ohne Wimpern
13   Lager ohne Haftfasern auf der Unterseite

Cetraria

13* Lager mit Haftfasern
14   Lagerlappen etwa 5 mm breit, mitunter auch etwas breiter

Parmelia

14* Lagerlappen bis höchstens 2 mm breit
15   Lager hell oder dunkelgrau

Physcia

15* Lager dunkelgrün oder olivgrün

Parmelia

IV. Krustenflechten

Krustenflechten begegnen uns mit großem Arten-, Formen- und Individuen-reichtum. Aus vielerlei Gründen ist ihre sichere Bestimmung durchaus nicht einfach und ohne Spezialliteratur fast unmöglich. Im Rahmen unseres nur als Orientierungshilfe gedachten Bestimmungschlüssels für die größeren Gruppen oder Formenkreise werden sie daher nicht weiter berücksichtigt.

Sachregister